ORIGO
STEPPING STONES 2.0

EN ESPAÑOL PROGRAMA INTEGRAL DE MATEMÁTICAS

AUTORES

James Burnett
Calvin Irons
Peter Stowasser
Allan Turton

CONSULTORES DEL PROGRAMA

Diana Lambdin
Frank Lester, Jr.
Kit Norris

ESCRITOR CONTRIBUYENTE

Beth Lewis

TRADUCTOR

Delia Varela

LIBRO DEL ESTUDIANTE B

ORIGO
EDUCATION

CONTENIDOS

CONTENIDOS

Conoce   Observa el contador en esta tabla numérica.

¿Cómo moverías el contador para indicar un número que es 2 menor?

¿Cómo moverías el contador para indicar un número que es 10 menor?

¿Cómo moverías el contador para indicar un número que es 12 menor?

11	12	13	14	15	16	17	18	19	20
21	22	23	24	25	26	27	28	29	30
31	32	33	34	35	36	37	38	39	40
41	42	43	44	45	46	47	48	49	50
51	52	53	54	55	56	57	58	59	60

Yo iniciaría en 47 y restaría las decenas, luego las unidades. A 47 le quitas 10 son 37. Luego 2 menos son 35.

Yo resté las unidades primero. A 47 le quitas 2 son 45. Luego 10 menos son 35.

Completa cada una de estas ecuaciones. Dibuja flechas en la tabla de arriba como ayuda en tu razonamiento.

16 – 1 = 15   39 – 20 = 19   55 – 3 = 52   35 – 21 = 14

Intensifica   1.   Dibuja flechas en la tabla de arriba para indicar cómo calculas cada una de estas ecuaciones. Luego escribe las diferencias.

a. 34 – 2 = 32

b. 43 – 10 = 33

c. 50 – 1 = 49

d. 15 – 3 = 12

e. 55 – 30 = 25

f. 32 – 20 = 10

g. 25 – 12 = 13

h. 50 – 21 = 29

i. 48 – 23 = 25

2. Escribe las diferencias. Utiliza la tabla como ayuda.

a.

80 – 1 = 79

51	52	53	54	55	56	57	58	59	60
61	62	63	64	65	66	67	68	69	70
71	72	73	74	75	76	77	78	79	80
81	82	83	84	85	86	87	88	89	90
91	92	93	94	95	96	97	98	99	100

b.
90 – 20 = 70

c.
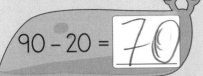
63 – 11 = 52

d.
75 – 3 = 75

e.
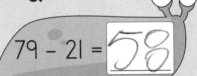
79 – 21 = 58

f.
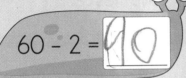
60 – 2 = 90

g.
85 – 13 = 72

h.
90 – 31 = 69

3. Calcula y escribe las diferencias.

a.

53 – 10 = 29

b.
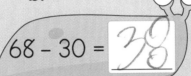
68 – 30 = 38

c.
47 – 2 = 27

d.
65 – 21 = 14

e.
25 – 10 = 15

f.
30 – 13 = 17

Avanza Escribe los números que faltan a lo largo de este camino.

98 → –12 → ☐ → –21 → ☐ → –23 → ☐ → –11 → ☐

Conoce

¿Cuánto quedará en la billetera después de comprar la gorra?

$57

$13

¿Cómo lo sabes?

Utiliza esta recta numérica para indicar cómo lo calculaste.

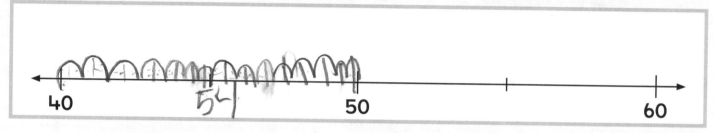

Yo inicié en 57 y conté hacia atrás las decenas y luego las unidades del precio. Puedo dibujar saltos como este para indicar cómo resté.

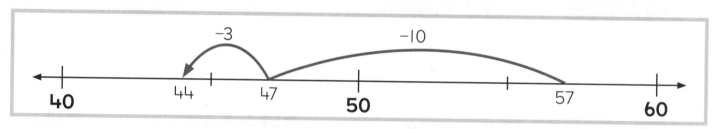

Intensifica

1. **a.** Dibuja saltos en esta recta numérica para indicar cómo calcularías 68 – 12.

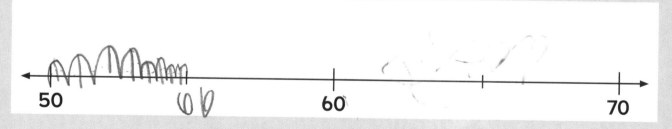

b. Dibuja saltos para indicar otra manera en que podrías calcular 68 – 12.

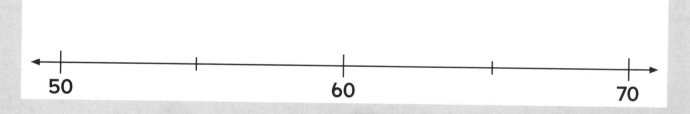

2. Completa cada enunciado. Dibuja saltos en esta recta numérica para indicar tu razonamiento.

a.

$66 - 13 = $ ⬚

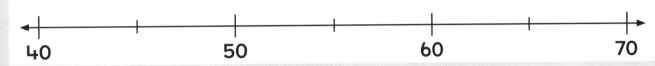

b.

$57 - 15 = $ ⬚

c.

$85 - 21 = $ ⬚

d.

$67 - 23 = $ ⬚

Avanza Dibuja una recta numérica como ayuda para calcular la diferencia.

$79 - 25 = $ ⬚

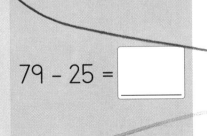

Práctica de cálculo ¿Qué sube pero nunca baja?

★ Escribe los totales. Luego colorea las partes de abajo que correspondan a cada total. La respuesta está en inglés.

| 35 + 35 = | 25 + 25 = | 45 + 45 = | 20 + 20 = |

| 30 + 30 = | 15 + 15 = | 40 + 40 = |

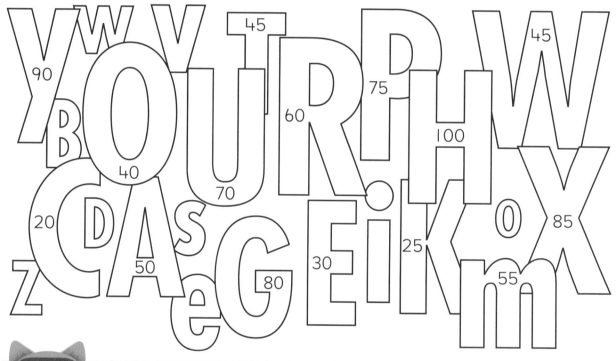

Escribe estos totales tan rápido como puedas.

| 30 + 31 = | 20 + 21 = | 10 + 11 = |

| 40 + 41 = | 15 + 16 = | 35 + 36 = |

| 25 + 26 = | 45 + 46 = | 16 + 17 = |

© ORIGO Education

Práctica continua

1. Escribe los totales.

a. 22 + 22 = ☐

b. 12 + 12 = ☐

c. 33 + 33 = ☐

d. 42 + 42 = ☐

e. 23 + 23 = ☐

f. 31 + 31 = ☐

2. Escribe las diferencias. Utiliza la tabla numérica como ayuda.

a. 84 – 20 = _____

b. 93 – 2 = _____

c. 91 – 30 = _____

d. 80 – 3 = _____

51	52	53	54	55	56	57	58	59	60
61	62	63	64	65	66	67	68	69	70
71	72	73	74	75	76	77	78	79	80
81	82	83	84	85	86	87	88	89	90
91	92	93	94	95	96	97	98	99	100

Prepárate para el módulo 8

Calcula cuánto dinero **más** se necesita para pagar el precio. Dibuja saltos para indicar tu razonamiento.

a.

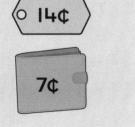

14¢

7¢

4	5	6	7	8	9	10	11	12	13	14

La cantidad que se necesita es _____ ¢

b.

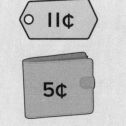

11¢

5¢

4	5	6	7	8	9	10	11	12	13	14

La cantidad que se necesita es _____ ¢

Conoce ¿Cómo puedes indicar cada ecuación en la tabla numérica?

7 – 5 = _____

17 – 5 = _____

27 – 5 = _____

37 – 5 = _____

47 – 5 = _____

Colorea cada número inicial de azul y cada diferencia de rojo. ¿Qué patrón ves?

1	2	3	4	5	6	7	8	9	10
11	12	13	14	15	16	17	18	19	20
21	22	23	24	25	26	27	28	29	30
31	32	33	34	35	36	37	38	39	40
41	42	43	44	45	46	47	48	49	50

Esta recta numérica indica cómo utilizar la decena como ayuda para restar.

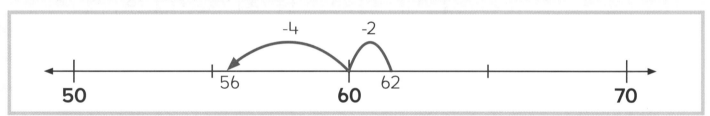

¿Qué ecuación se está indicando? ¿Cómo lo sabes?
¿Cuál decena se está utilizando? ¿Por qué es útil ese número?

Intensifica I. Utiliza patrones como ayuda para completar cada ecuación.

a.
12 – 4 = ☐

22 – 4 = ☐

32 – 4 = ☐

52 – 4 = ☐

b.
14 – 8 = ☐

24 – 8 = ☐

34 – 8 = ☐

64 – 8 = ☐

c.
15 – 7 = ☐

25 – 7 = ☐

35 – 7 = ☐

55 – 7 = ☐

2. Completa cada ecuación. Dibuja saltos en la recta numérica para indicar tu razonamiento.

a.

55 − 6 = ☐

b.

74 − 8 = ☐

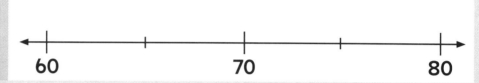

c.

41 − 7 = ☐

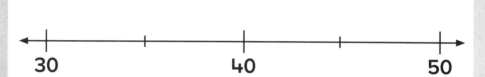

d.

62 − 9 = ☐

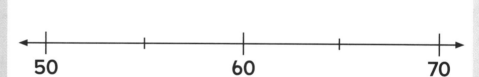

e.

85 − 6 = ☐

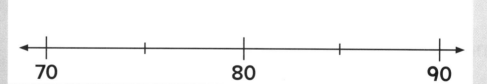

Avanza   Resuelve el problema. Dibuja saltos en la recta numérica para indicar tu razonamiento.

Owen tiene 72 tarjetas de fútbol en su colección. Hay 150 tarjetas diferentes para coleccionar. Owen le da 9 tarjetas a su hermana. ¿Cuántas tarjetas de fútbol le quedan a Owen?

☐ tarjetas

Conoce   Imagina que tienes $53.

¿Qué artículo te gustaría comprar?

 $16

 $38

¿Cuánto dinero te sobrará? ¿Cómo lo sabes?

Yo podría iniciar en $53 y restarle $38 así:

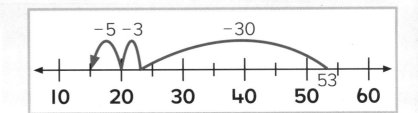

¿Cómo restarías $16 de $53?

Indica tu razonamiento en esta recta numérica.

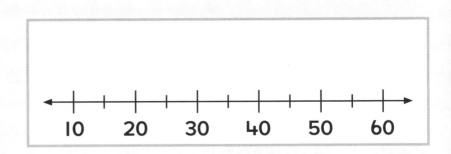

Intensifica

I. Calcula la **diferencia**. Dibuja saltos en la recta numérica para indicar tu razonamiento. Luego completa la ecuación.

a.

$45 – $22 = $ 23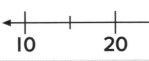

b.

$48 – $15 = $ 33

© ORIGO Education

2. Calcula la **diferencia**. Dibuja saltos para indicar tu razonamiento. Luego completa la ecuación de resta.

a.

$54 - 18 =$ 36

b.

$63 - 37 =$ ___

c.

$65 - 26 =$ ___

d.

$52 - 27 =$ ___

Avanza Gabriel compró una pelota de fútbol. Él le dio $55 al vendedor y recibió $17 de vuelto. ¿Cuánto costó la pelota?

a. Dibuja saltos en esta recta numérica para indicar cómo calculaste el precio de la pelota.

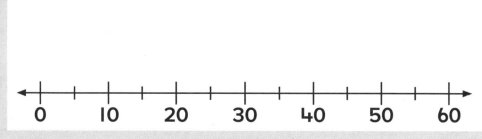

b. Escribe el precio de la pelota de fútbol en la etiqueta de precio.

Piensa y resuelve

Tacha un número de una casilla y escríbelo debajo de otra casilla de manera que el total de cada casilla de números sea igual a 40.

6	15	10

9	14	26

9	18	13

Palabras en acción

Escribe acerca de restar en una tabla de cien. Puedes utilizar palabras de la lista como ayuda.

arriba   atrás   izquierda   derecha   abajo

horizontalmente   decenas   unidades

resta   mueves   contar hacia atrás

1	2	3	4	5	6	7	8	9	10
11	12	13	14	15	16	17	18	19	20
21	22	23	24	25	26	27	28	29	30
31	32	33	34	35	36	37	38	39	40
41	42	43	44	45	46	47	48	49	50
51	52	53	54	55	56	57	58	59	60
61	62	63	64	65	66	67	68	69	70
71	72	73	74	75	76	77	78	79	80
81	82	83	84	85	86	87	88	89	90
91	92	93	94	95	96	97	98	99	100

1. Completa cada ecuación. Indica tu razonamiento.

a.

$38 + 45 = \boxed{}$

b.

$27 + 19 = \boxed{}$

2. Utiliza patrones como ayuda para completar cada enunciado.

a.

$11 - 5 = \boxed{}$

$21 - 5 = \boxed{}$

$31 - 5 = \boxed{}$

$41 - 5 = \boxed{}$

b.

$15 - 9 = \boxed{}$

$25 - 9 = \boxed{}$

$35 - 9 = \boxed{}$

$45 - 9 = \boxed{}$

c.

$13 - 8 = \boxed{}$

$23 - 8 = \boxed{}$

$33 - 8 = \boxed{}$

$43 - 8 = \boxed{}$

Prepárate para el módulo 8

Suma los bloques de decenas y luego los de unidades. Escribe el valor total de los bloques.

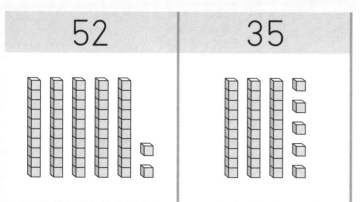

| 52 | 35 |

Hay $\boxed{}$ decenas.

Hay $\boxed{}$ unidades.

$\boxed{}$ y $\boxed{}$ son $\boxed{}$

Conoce

Imagina que tienes $52.
¿Qué artículo puedes comprar?

¿Cuánto dinero te sobrará?
¿Cómo lo sabes?

¿Qué ecuación escribirías
para indicar la diferencia?

¿Cómo podrías utilizar la suma para calcular la cantidad que sobra?

Yo podría iniciar en $45 y contar hacia delante hasta
$52 en la recta numérica de abajo. Luego podría sumar
los saltos que hice para calcular la cantidad que sobra.

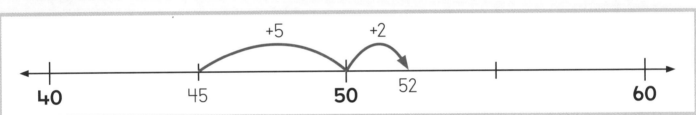

¿Cuánto dinero necesitas para comprar la bicicleta?

¿Qué problema de resta podrías escribir?

¿Cómo calcularías la diferencia? Explica tu razonamiento.

Intensifica

1. Dibuja saltos para indicar cómo podrías **contar hacia delante** para encontrar la diferencia. Luego escribe la diferencia.

$57 - 40 = \boxed{17}$

```
  |    |    |    |    |    |    |    |    |    |    |
 20   30   40   50   60   70
```

© ORIGO Education

2. Utiliza la suma para calcular la diferencia. Dibuja saltos para indicar tu razonamiento.

a.

$68 - 49 = \boxed{77}$

40 50 60 70

b.

$55 - 38 = \boxed{73}$

30 40 50 60

c.

$51 - 36 = \boxed{27}$

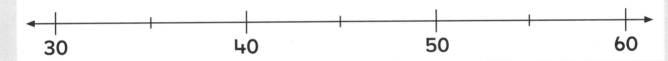

30 40 50 60

d.

$62 - 45 = \boxed{27}$

Avanza

Tama tiene $45. Él quiere comprar dos juegos que cuestan $32 y $35. ¿Cuánto dinero necesita ahorrar él?

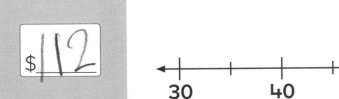

$\boxed{\$112}$

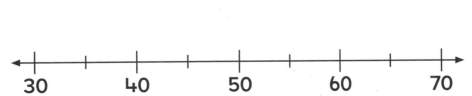

30 40 50 60 70

Conoce

Estos dos estudiantes midieron la longitud de sus saltos largos.

Sofía   Aston

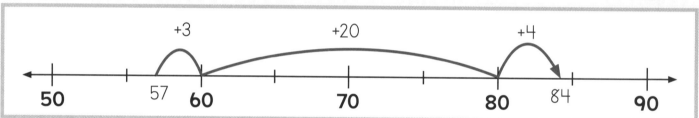

57 in   84 in

¿Cuál es la longitud del salto largo de cada estudiante?

¿Cómo podrías calcular la diferencia entre la longitud de sus saltos?

Yo podría iniciar en 57 y contar hacia delante hasta 84 así:

+3   +20   +4

50   57   60   70   80   84   90

¿Cómo podrías contar hacia delante en solo dos pasos?

¿Qué ecuación podrías escribir para indicar la diferencia?

Intensifica

1. El salto de Alisa fue de 53 pulgadas y el de Allan de 75 pulgadas. Cuenta hacia delante para calcular la diferencia. Dibuja saltos para indicar tu razonamiento. Luego completa la ecuación.

☐ – ☐ = ☐

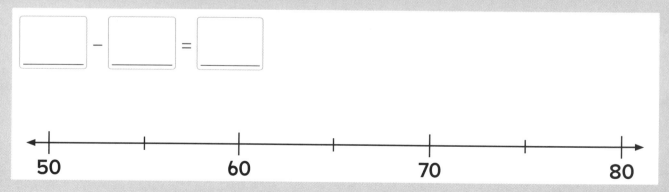

50   60   70   80

2. Estos estudiantes midieron sus saltos largos. Cuenta hacia delante para calcular la diferencia entre las longitudes de los saltos de estos estudiantes. Luego escribe la ecuación para indicar la diferencia. Dibuja saltos para indicar tu razonamiento

Estudiante	Salto
Jude	58 in
Bella	74 in
Archie	71 in
Bianca	54 in

a. salto de Bella y salto de Jude

$\boxed{} - \boxed{} = \boxed{}$

50   60   70   80

b. salto de Archie y salto de Bianca

$\boxed{} - \boxed{} = \boxed{}$

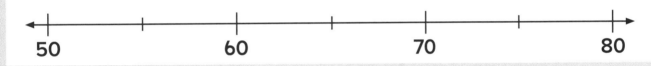

50   60   70   80

c. salto de Jude y salto de Archie

$\boxed{} - \boxed{} = \boxed{}$

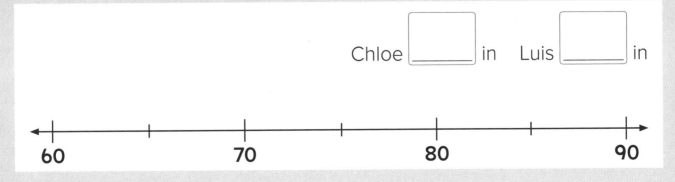

Avanza

El salto de Franco fue de 85 pulgadas. Este salto fue 21 pulgadas más largo que el de Chloe y 5 pulgadas menos que el de Luis. Utiliza la recta numérica para calcular la longitud de cada salto.

Chloe $\boxed{}$ in   Luis $\boxed{}$ in

60   70   80   90

Práctica de cálculo

★ Escribe las diferencias tan rápido como puedas.

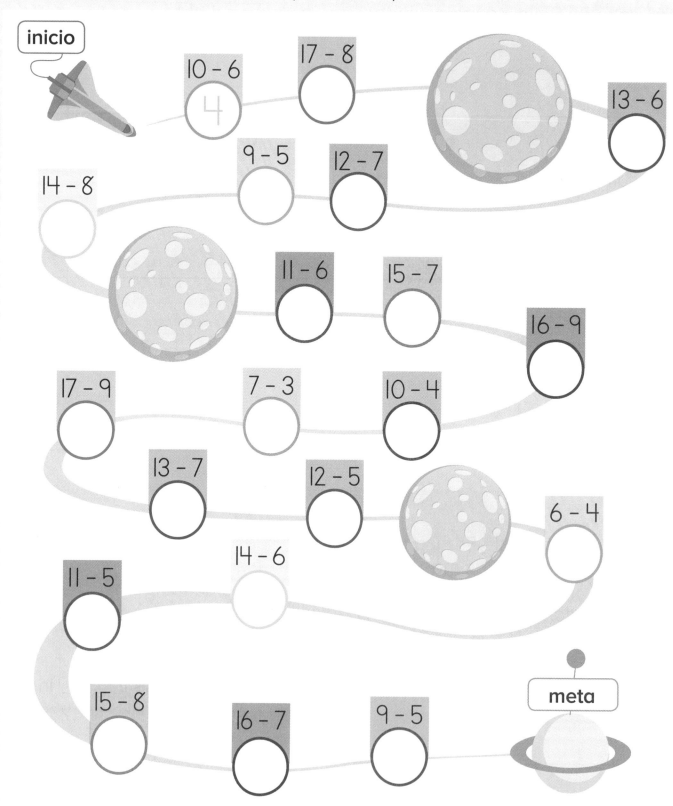

DE 2.6.5

Práctica continua

1. Estima cada total. Colorea las tarjetas que tienen un total mayor que 70.

a. 32 + 17

b. 64 + 27

c. 12 + 61

d. 48 + 13

e. 22 + 53

f. 27 + 59

g. 26 + 29

h. 12 + 53

DE 2.7.5

2. Dibuja saltos para indicar cómo podrías **contar hacia delante** para encontrar la diferencia. Luego escribe la diferencia.

a.

65 – 37 = ____

30   40   50   60   70

b.

75 – 48 = ____

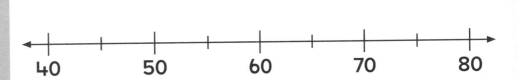

40   50   60   70   80

Prepárate para el módulo 8

Suma las decenas y luego las unidades. Escribe la ecuación correspondiente.

a.

28

35

____ + ____ = ____

b.

19

42

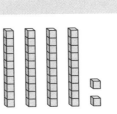

____ + ____ = ____

Conoce Observa los precios de estas pinturas originales.

¿Cuál pintura cuesta más?

¿Cuánto más cuesta la pintura del gato que la del perro?

Kay calcula la diferencia en una recta numérica.

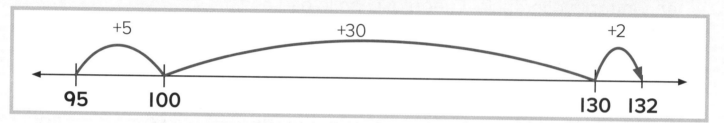

¿Qué pasos sigue Kay?

¿Cuál es la diferencia?
¿Qué ecuación escribirías?

Si cuentas para calcular la diferencia, debes sumar los saltos que haces.

¿Por qué a veces es útil hacer un salto hasta 100?

Intensifica I. Dibuja saltos en la recta numérica para calcular la diferencia. Prueba saltar hasta 100 como ayuda en tu razonamiento.

a.

120 – 30 = ☐

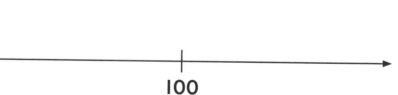

100

b.

126 – 50 = ☐

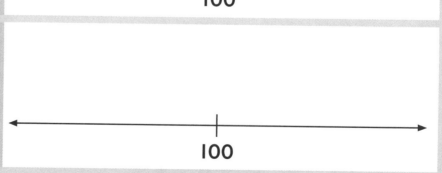

100

2. Dibuja saltos en la recta numérica para calcular la diferencia.
Prueba saltar hasta 100 como ayuda en tu razonamiento.

a.

130 – 75 = ☐

b.

115 – 83 = ☐

c.

105 – 67 = ☐

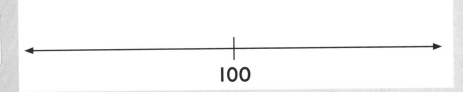

3. Dibuja saltos para calcular cada diferencia.

a.

130 – 86 = ☐

b.

127 – 92 = ☐

Avanza   Resuelve este problema. Dibuja saltos en la recta numérica para indicar tu razonamiento.

Se vendieron 120 boletos para el cine en total. 68 boletos se vendieron en el sitio web. El resto se vendieron en la boletería. ¿Cuántos boletos se vendieron en la boletería?

☐ boletos

Conoce

Este afiche indica el costo de los boletos para un concierto. Algunos asientos están más cerca del escenario, por lo tanto cuestan más.

Oro	$72
Plata	$55
General	$34

¿Cuál es la diferencia entre el costo de un boleto de oro y uno general? ¿Cómo lo sabes?

Dos amigos comparten sus estrategias.

Lifen utiliza una recta numérica.

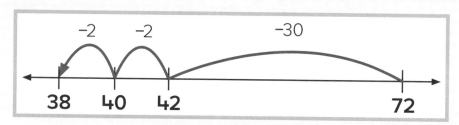

¿Qué tienen en común las dos estrategias?

¿Qué pasos siguió Jayden?

Jayden utiliza un método escrito. Él resta las decenas y luego las unidades.

$$72 - 30 = 42$$
$$42 - 4 = 38$$

Utiliza la estrategia de Jayden para calcular la diferencia entre el costo del boleto de oro y el de plata.

Yo contaría hacia delante para calcular la diferencia.

$$55 + \text{⑮} = 70$$
$$70 + \text{②} = 72$$
$$15 + 2 = 17$$

Intensifica

1. Utiliza los precios de los boletos en la parte superior de la página para resolver este problema. Indica tu razonamiento.

Victoria tiene $150 en su monedero. Ella compra un boleto de plata. ¿Cuánto dinero le sobra?

$_____

2. Resuelve cada problema. Indica tu razonamiento.

a. Se le pidió a la banda que tocara por 90 minutos. Ellos ya han tocado por 35 minutos. ¿Cuántos minutos más deberán tocar ellos?

 minutos

b. 45 personas están sentadas en una fila. Algunas de las personas se van. Ahora hay 28 personas sentadas en esa fila. ¿Cuántas personas se han ido?

 personas

c. 42 personas están en un autobús. 10 personas se bajan en la parada 1, y 12 personas más se bajan en la parada 2. ¿Cuántas personas quedan en el autobús?

 personas

d. Se están vendiendo boletos para un concierto en la boletería. Se han vendido 52 boletos. Quedan 90 boletos. ¿Cuántos boletos había al inicio?

_____ boletos

Avanza Lee el problema. Luego encierra el razonamiento que podrías utilizar para resolverlo. Hay más de un razonamiento posible.

El boleto de Anya cuesta $25 más que el de Paul. Anya paga $79 por su boleto y le sobran $10. ¿Cuánto pagó Paul por su boleto?

a.
$69 - 25 = \boxed{}$

b.
$25 + \boxed{} = 79$

c.
$79 - 25 = \boxed{}$

Piensa y resuelve

Este mapa indica una ruta de autobús. Traza con rojo sobre las líneas para indicar el viaje **más corto** entre Springfield y Bald Hills. Escribe el total.

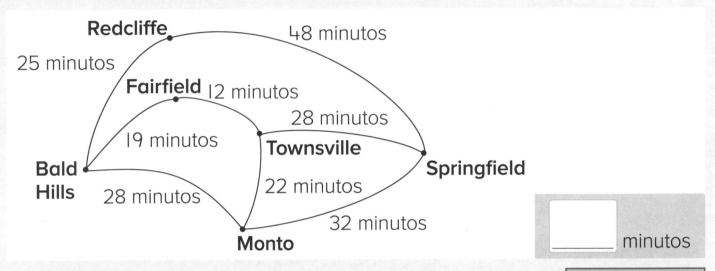

| | minutos |

Palabras en acción

Escribe acerca de dos maneras diferentes en que puedes calcular la diferencia entre 75 y 58. Puedes utilizar palabras de la lista como ayuda.

contar hacia delante

restar

decenas

unidades

tabla de cien

contar hacia atrás

I. Completa cada ecuación. Puedes utilizar bloques o hacer anotaciones en la página 280 como ayuda.

DE 2.6.7

a.
42 + 60 = ____

b.
71 + 40 = ____

c.
28 + 90 = ____

d.
37 + 80 = ____

e.
50 + 73 = ____

f.
70 + 47 = ____

2. Dibuja saltos en la recta numérica para calcular la diferencia. Prueba saltar hasta 100 como ayuda en tu razonamiento.

DE 2.7.7

a.
120 – 65 = ____

100

b.
105 – 37 = ____

100

Para cada número, escribe la **decena** más cercana.

60   70   80

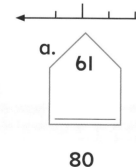
a.
61

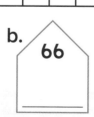
b.
66

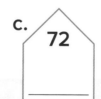
c.
72

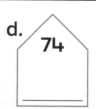
d.
74

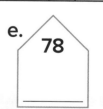
e.
78

80   90   100

f.
83

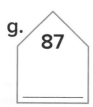
g.
87

h.
92

i.
97

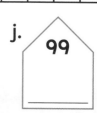
j.
99

Conoce   ¿Qué sabes acerca de estas figuras?

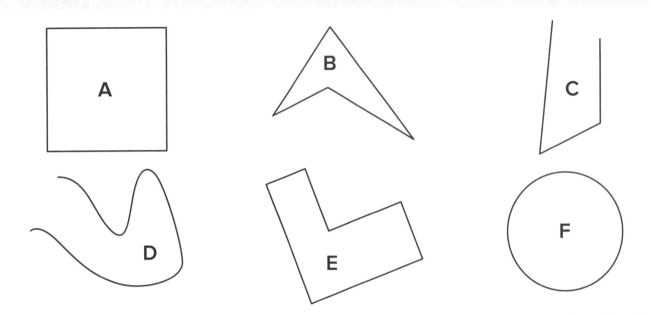

¿Cuáles de estas figuras 2D son abiertas? ¿Cuáles son cerradas?
Encierra las figuras **cerradas**.

Observa las figuras cerradas. ¿Cuáles figuras tienen lados rectos?

Las figuras 2D que son cerradas **y** tienen todos los lados rectos son **polígonos**.
Cada figura podría tener otro nombre, como el cuadrado, pero todas ellas
son tipos de polígonos.

Intensifica   I.   Escribe el número de lados dentro de cada polígono.

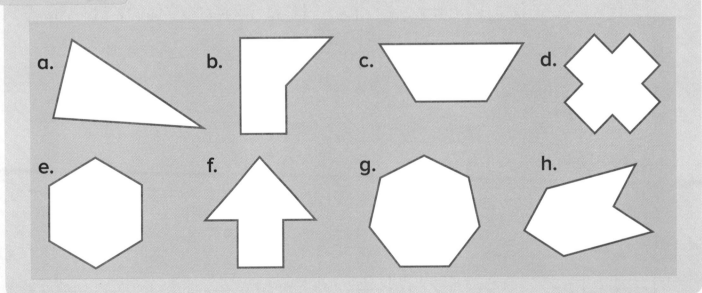

2. Colorea los polígonos.

a.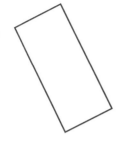

b.

c.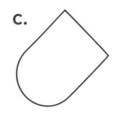

d.

e.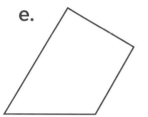

f.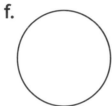

g.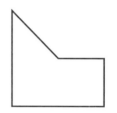

h.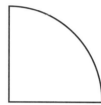

i.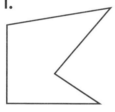

j.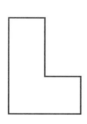

k.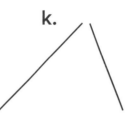

l.

Avanza

Colorea los polígonos que encuentres en las imágenes de abajo. Escribe **N** dentro de las figuras que **no** son polígonos.

a.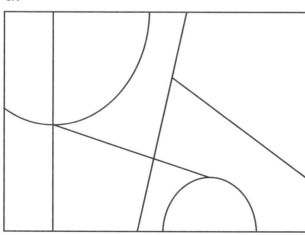

b.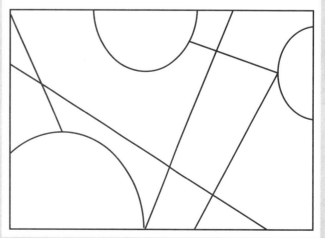

Conoce   Observa estas figuras. ¿Qué es igual en todas ellas?

¿Qué es diferente?

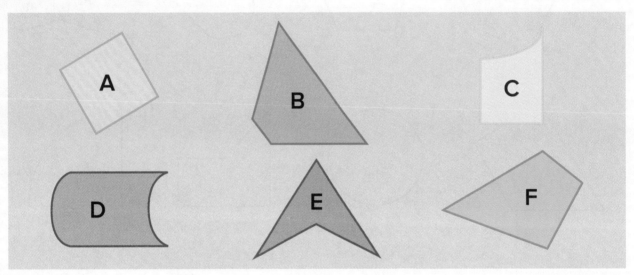

¿**Cuáles figuras son polígonos?**

¿**Cómo lo sabes?**

Los polígonos que tienen exactamente cuatro lados se llaman **cuadriláteros**.

La parte **cuadri** de la palabra cuadrilátero
significa **cuatro**. La parte **látero** significa **lado**.

Intensifica   **I.**   Colorea los cuadriláteros.

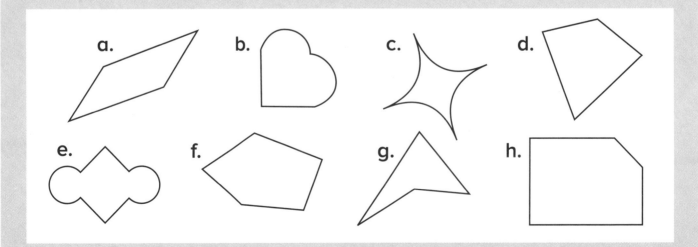

2. Utiliza tu regla para dibujar más lados rectos para hacer cuadriláteros.

a.
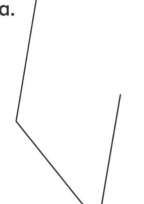

b.

c.
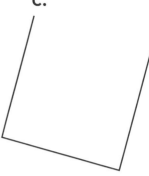

d.
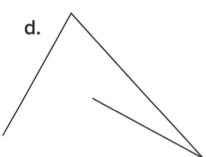

e.
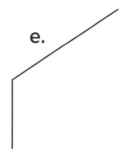

f.

Avanza Colorea los cuadriláteros que encuentres en las imágenes de abajo. Escribe **N** dentro de las figuras que **no** son cuadriláteros.

a.
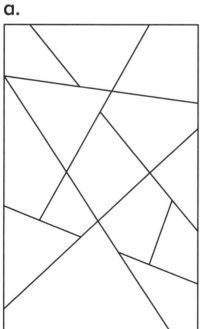

b.

c.

Práctica de cálculo   **¿Qué no debes hacer nunca en un submarino?**

★ Completa las ecuaciones. Luego escribe cada letra en la casilla correspondiente en la parte inferior de la página. Algunas letras se repiten.

15 + 16 = ☐ 31   **f**   14 + 14 = ☐   **i**

22 + 23 = ☐ 0   **n**   41 + 39 = ☐   **r**

19 + 19 = ☐   **p**   12 + 13 = ☐   **b**

26 + 25 = ☐   **s**   29 + 29 = ☐   **l**

35 + 34 = ☐   **o**   45 + 46 = ☐   **a**

31 + 32 = ☐   **e**   41 + 43 = ☐   **v**

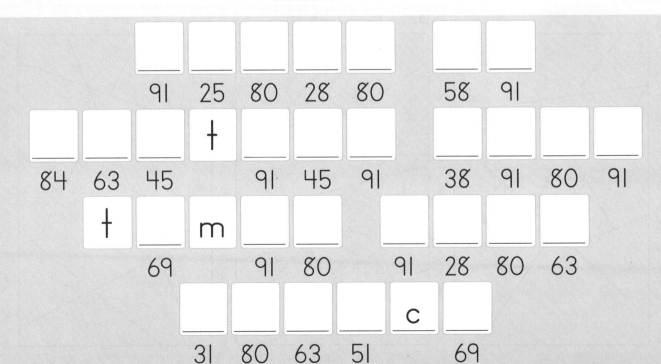

☐ ☐ ☐ ☐ ☐   ☐ ☐
91 25 80 28 80   58 91

☐ ☐ ☐ t ☐ ☐ ☐   ☐ ☐ ☐ ☐
84 63 45   91 45 91   38 91 80 91

t ☐ m ☐   ☐ ☐ ☐ ☐
69   91 80   91 28 80 63

☐ ☐ ☐ ☐ c ☐
31 80 63 51   69

ORIGO Stepping Stones · 2.° grado · 7.10

© ORIGO Education

I. Observa esta gráfica.

DE 2.6.10

Jugo de frutas favorito							$\square$ = 1 voto
Manzana	$\square$	$\square$	$\square$				
Uva	$\square$	$\square$	$\square$	$\square$	$\square$	$\square$	
Naranja	$\square$	$\square$	$\square$	$\square$			

a. ¿Cuál jugo de frutas es más popular? _____

b. ¿Cuántos estudiantes más votaron por el jugo de frutas más popular que por el menos popular? _____ estudiantes

c. ¿Cuántos estudiantes votaron en total? _____ estudiantes

2. Colorea los polígonos que encuentres en esta imagen.

Escribe **N** dentro de las figuras que **no** son polígonos.

DE 2.7.9

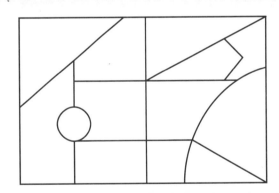

Escribe la hora correspondiente en el reloj digital.

a.
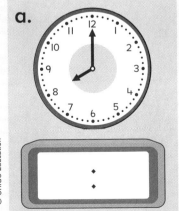

b.

c.
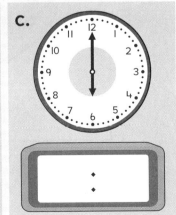

d.

Conoce ¿Qué sabes acerca de los polígonos?

Los polígonos son figuras 2D cerradas que tienen lados rectos solamente. Un polígono tiene el mismo número de lados y vértices.

¿Cuáles figuras conoces que son polígonos?

Hay muchos otros tipos de polígonos.

Un **pentágono** es cualquier polígono que tenga cinco lados. ¿Qué crees que significa **penta**?

Un **hexágono** es un polígono que tiene seis lados. ¿Qué crees que significa **hexá**?

> La parte polí de la palabra polígono significa muchos. La parte gono significa ángulo.

Intensifica

I. Escribe **5** dentro de los pentágonos. Escribe **6** dentro de los hexágonos.

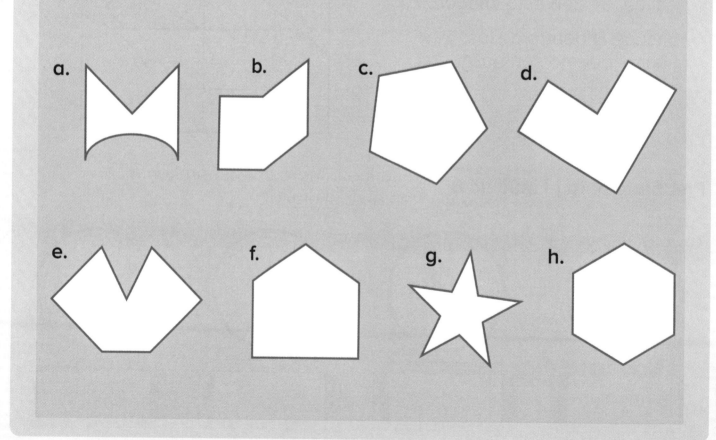

2. Utiliza tu regla para trazar líneas entre los vértices para partir cada figura en triángulos. Traza la menor cantidad de líneas posible.

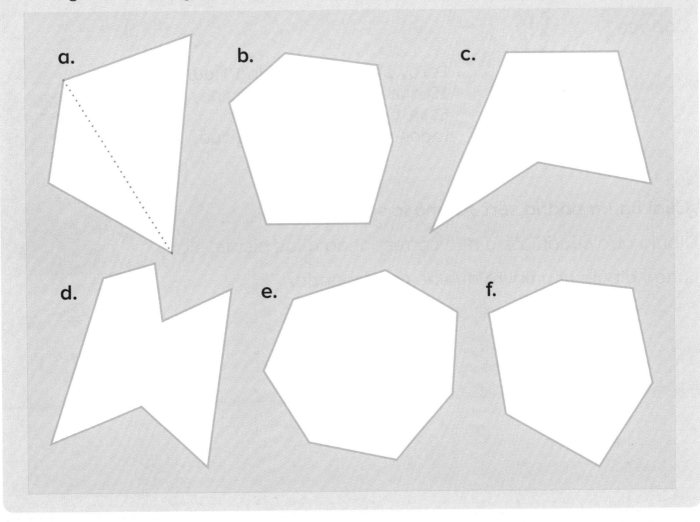

a.

b.

c.

d.

e.

f.

Avanza Utiliza tu regla para trazar una línea que parta cada figura en polígonos que correspondan a las etiquetas. Traza suavemente hasta que estés seguro de tu respuesta.

a. dos triángulos

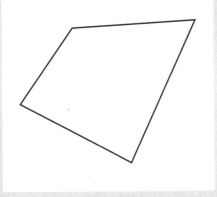

b. dos cuadriláteros

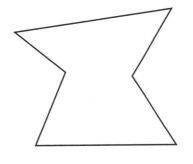

c. un triángulo y un pentágono

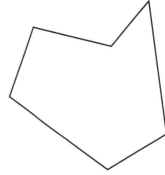

Conoce

Estoy pensando en una figura 2D que es un cuadrilátero. Ésta tiene al menos dos lados de la misma longitud.

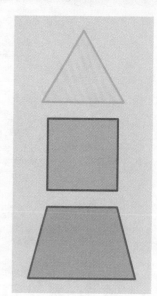

¿Cuál figura podría ser? ¿Cómo lo sabes?

Dibuja otro cuadrilátero que corresponda a las pistas.

Luego dibuja una figura que no corresponda.

Intensifica   Dibuja la figura que corresponda a cada etiqueta.

a. un triángulo con exactamente dos lados de la misma longitud	b. un rectángulo con todos los lados de la misma longitud

c. un pentágono con todos los lados de una longitud diferente

d. una figura de cuatro lados y cada lado de una longitud diferente

e. un hexágono con exactamente dos lados de la misma longitud

f. un cuadrilátero con dos lados largos y dos lados cortos

Avanza

a. Escribe algunas pistas como las de arriba para describir una figura 2D.

b. Intercambia pistas con otro estudiante y dibuja la forma correspondiente.

Piensa y resuelve Escribe estos números en la historia de abajo de manera que ésta tenga sentido. Cada número solo se puede utilizar una vez.

40 2 10 5

Susan tiene _____ conejos. Ella cepilla cada conejo por _____ minutos

cada tarde. Eso le toma _____ minutos en total. Luego ella juega

con ellos por _____ minutos más.

Palabras en acción Escribe la respuesta a cada pista en la cuadrícula. Utiliza las palabras en **inglés** de la lista.

Pistas horizontales

I. Un polígono tiene el __ número de lados y vértices.

4. Los cuadriláteros tienen __ lados rectos.

5. Los pentágonos tienen __ lados rectos.

6. Un __ es un tipo de polígono.

Pistas verticales

I. Un polígono no tiene __ curvos.

2. Los triángulos tienen __ lados rectos.

3. Los hexágonos tienen __ lados rectos.

sides *lados*	**six** *seis*
square *cuadrado*	**three** *tres*
four *cuatro*	**same** *mismo*
five *cinco*	

Práctica continua

1. Colorea la gráfica de barras de manera que correspondan a la altura de cada perro.

El *Bulldog* mide 7 ladrillos de alto.

El *Pug* mide 3 ladrillos de alto.

El *Poodle* mide 5 ladrillos de alto.

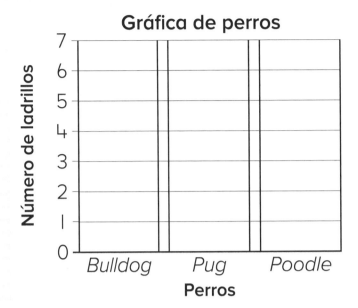

Gráfica de perros

2. Utiliza tu regla para trazar líneas entre los vértices para partir cada figura en triángulos. Traza la menor cantidad de líneas posible.

a.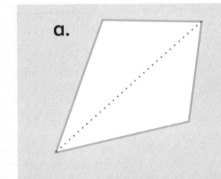

b.

c.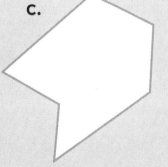

Prepárate para el módulo 8

Dibuja las manecillas en el reloj analógico para indicar la hora correspondiente.

a.

b.

c.

d.

8.1 Resta: Componiendo y descomponiendo números de dos dígitos

Conoce Observa estas imágenes de bloques.

¿Qué número indica cada imagen?

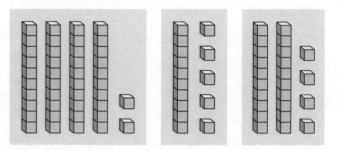

Imagina que se utilizaron todos los bloques para indicar un número.

¿Cómo podrías calcular qué número indicarían?

 Yo podría sumar las decenas y luego las unidades. Hay 7 decenas y 11 unidades.

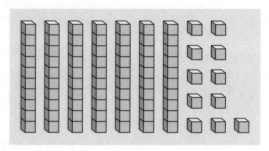

Imagina que el total se separó en dos grupos.

¿Qué números podrían estar en cada grupo? ¿Cómo lo sabes?

Intensifica

I. Escribe el número de decenas y unidades. Luego escribe el total.

a.

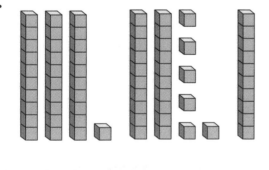

__6__ decenas

__7__ unidades son __67__

b.

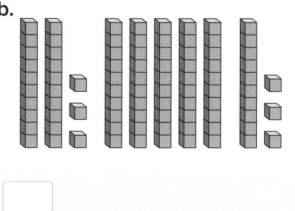

____ decenas

____ unidades son ____

2. Escribe el número de decenas y unidades. Luego escribe el total.

a.
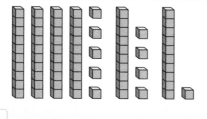

_____ decenas

_____ unidades son _____

b.
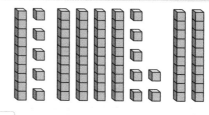

_____ decenas

_____ unidades son _____

3. Dibuja los bloques correspondientes.

a. Indica 40 separado en dos partes. Una parte debe indicar 25.	b. Indica 50 separado en dos partes. Una parte debe indicar 32.

c. Indica 70 separado en dos partes. Una parte debe indicar 46.	d. Indica 60 separado en dos partes. Una parte debe indicar 37.

Avanza   Colorea algunos de los bloques para indicar tres grupos. Luego escribe la ecuación correspondiente.

_____ + _____ + _____ = _____

© ORIGO Education

Conoce   Hay 45 pasajeros en el autobús.

13 pasajeros se bajan del autobús.
¿Cuántos pasajeros quedan en el autobús?

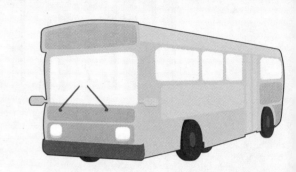

¿Cómo puedes saber si este
es un problema de resta o de suma?

¿Qué ecuación escribirías?   45 – 13 = 32

Henry utiliza bloques para calcular la diferencia.

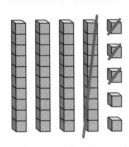

La respuesta o parte
desconocida de una
ecuación de resta se
llama **diferencia**.

¿Qué pasos siguió Henry?

¿Cómo te dice la imagen cuántos pasajeros quedan en el autobús?

Intensifica   I.   Escribe el número de decenas y unidades que sobra.
Puedes tachar bloques como ayuda. Luego escribe
la diferencia.

78 – 25 = 53

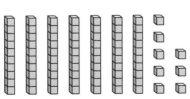

Hay 5 decenas.

Hay 3 unidades.

50 y 3 son 53

2. Completa cada ecuación. Puedes tachar bloques como ayuda.

a.

$59 - 14 =$ **45**

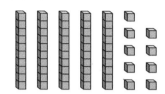

Hay **4** decenas.

Hay **5** decenas.

40 y **3** son **43**

b.

$74 - 24 =$ **50**

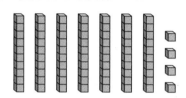

Hay **5** decenas.

Hay **0** unidades.

5 y **0** son **50**

c.

$65 - 33 =$ **32**

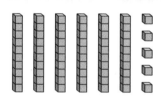

Hay **3** decenas.

Hay **2** unidades.

30 y **2** son **32**

3. Completa cada ecuación. Puedes hacer anotaciones en la página 318 como ayuda.

a. $36 - 15 =$ **21**

b. $57 - 41 =$ **17**

c. $68 - 38 =$ **30**

Avanza

Anya tenía cierta cantidad de dinero menor que un dólar. Ella gastó 36 centavos de esa cantidad.

a. ¿Cuánto dinero pudo haber tenido Anya al inicio? _____ centavos

b. Utiliza tu respuesta de arriba para completar esta ecuación.

☐ − ☐ = ☐

Reforzando conceptos y destrezas

Práctica de cálculo

★ Completa estas operaciones básicas tan rápido como puedas.

inicio

5 + 7 = ___	15 - 6 = ___	8 + 3 = ___
7 - 3 = ___	2 + 4 = ___	12 - 5 = ___
9 + 7 = ___	17 - 8 = ___	6 + 2 = ___
8 - 3 = ___	3 + 1 = ___	9 - 5 = ___
3 + 9 = ___	16 - 7 = ___	1 + 6 = ___
13 - 8 = ___	4 + 8 = ___	11 - 5 = ___
8 + 9 = ___	14 - 6 = ___	

meta

Práctica continua

1. Escribe la diferencia. Luego dibuja saltos en la recta numérica para indicar tu razonamiento.

a.

57 – 13 = ☐

40   50   60   70

b.

78 – 24 = ☐

50   60   70   80

2. Escribe el número de decenas y unidades. Luego escribe el total.

a.

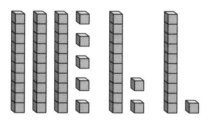

☐ decenas

☐ unidades son ☐

b.

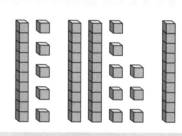

☐ decenas

☐ unidades son ☐

Prepárate para el módulo 9

Escribe los totales. Puedes utilizar esta parte de una tabla de cien como ayuda.

a. 6 + 10 = ____

b. 3 + 20 = ____

c. 40 + 9 = ____

d. 7 + 30 = ____

1	2	3	4	5	6	7	8	9	10
11	12	13	14	15	16	17	18	19	20
21	22	23	24	25	26	27	28	29	30
31	32	33	34	35	36	37	38	39	40
41	42	43	44	45	46	47	48	49	50

Conoce

Hay 62 páginas en este libro. Anna lee 15 páginas antes de dormir.

¿Cuántas páginas le quedan por leer?

Lulu utiliza bloques para calcular la respuesta. Ella dibuja estas imágenes como ayuda.

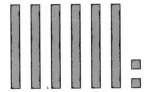

Ella primero indicó 62.

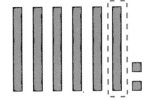

Luego ella descompuso una decena en 10 unidades.

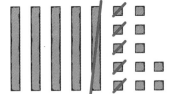

Luego ella tachó 15 para encontrar el número que sobra.

¿Por qué crees que ella descompuso un bloque de 1 decena por 10 bloques de unidades? ¿Cuál es otra manera de calcular la respuesta?

Intensifica

1. En las imagenes de abajo, un bloque de decenas se ha descompuesto en 10 bloques de unidades. Tacha bloques y completa los enunciados para calcular la diferencia.

a.

$34 - 8 = \boxed{26}$

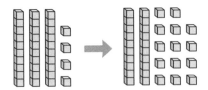

Hay _2_ decenas.

Hay _0_ unidades.

_20_ y _0_ son _26_

b.

$76 - 9 = \boxed{67}$

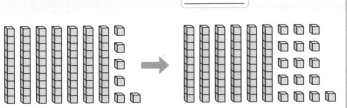

Hay _6_ decenas.

Hay _7_ unidades.

_60_ y _7_ son _67_

2. En cada imagen, un bloque de decenas se descompuso en 10 bloques de unidades. Tacha bloques y completa los enunciados para calcular la diferencia.

a.

65 – 27 = $\boxed{42}$

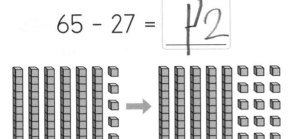

Hay __4__ decenas.

Hay __2__ unidades.

__40__ y __2__ son __42__

b.

43 – 18 = $\boxed{25}$

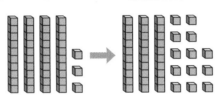

Hay __2__ decenas.

Hay __5__ unidades.

__20__ y __5__ son __25__

c.

86 – 47 = $\boxed{39}$

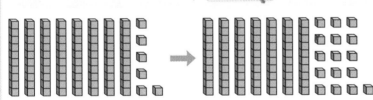

Hay __3__ decenas.

Hay __9__ unidades.

__30__ y __9__ son __39__

3. Completa cada ecuación. Puedes utilizar bloques o hacer anotaciones en la página 318 como ayuda.

a. 63 – 14 = $\boxed{49}$

b. 45 – 39 = $\boxed{6}$

c. 70 – 48 = $\boxed{22}$

Avanza

Elige una ecuación de la pregunta 3 que podrías resolver sin utilizar bloques. Indica tu método abajo.

Conoce   Piensa en cómo resolverías cada ecuación utilizando bloques.

$$63 - 42 = \boxed{}$$ $$47 - 19 = \boxed{}$$ $$80 - 56 = \boxed{}$$

Encierra las ecuaciones que resolverías utilizando reagrupación. ¿Cómo decidiste cuáles ecuaciones encerrar?

Yo comparé el número de unidades. Si tenía que quitar más unidades de las que había, entonces sabía que tenía que descomponer una decena.

¿Cómo utilizarías bloques para calcular 47 – 19?

¿Qué pasos seguirías?

Intensifica   1.   Dibuja imágenes para indicar cómo reagrupar. Luego completa la ecuación.

a.
$$81 - 45 = \boxed{}$$

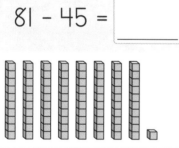 →

b.
$$57 - 39 = \boxed{}$$

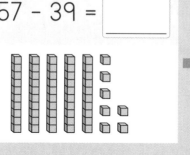 →

2. Completa cada ecuación. Indica tu razonamiento.

a.

$38 - 19 =$ ____

b.

$42 - 25 =$ ____

c.

$51 - 37 =$ ____

d.

$76 - 28 =$ ____

Avanza

Hay 80 adhesivos en un paquete. La primera semana de clases se entregan 25 adhesivos. La segunda semana de clases se entregan 19 adhesivos. ¿Cuántos adhesivos quedan en el paquete? Indica tu razonamiento.

____ adhesivos

Piensa y resuelve Lisa compró **cuatro** artículos por un total de **$7**.

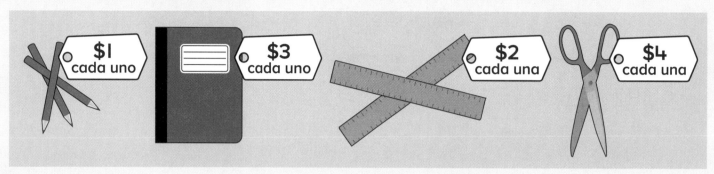

$1 cada uno $3 cada uno $2 cada una $4 cada una

a. Escribe los artículos que piensas que ella compró.

b. Lisa utilizó un billete de $20 para pagar por los artículos. ¿Cuánto dinero deberá recibir ella de vuelto? $_____

Palabras en acción

Escribe un problema verbal de resta en el que necesites reagrupar una decena para calcular la respuesta. Puedes utilizar palabras de la lista como ayuda.

cuántos

calcular

diferencia

total

contar

Práctica continua

I. Calcula la diferencia. Dibuja saltos en la recta numérica para indicar tu razonamiento. Luego completa las ecuaciones.

a.

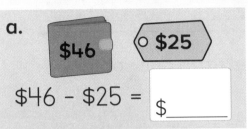

$46 - $25 = $ _____

20   30   40   50

b.

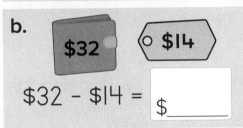

$32 - $14 = $ _____

10   20   30   40

2. En esta imagen, un bloque de decenas se descompuso en 10 bloques de unidades. Tacha bloques y completa los enunciados para calcular la diferencia.

74 − 36 = _____

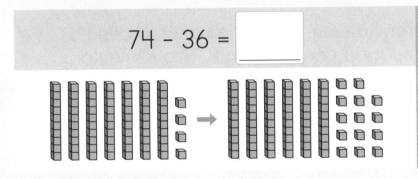

Hay _____ decenas.

Hay _____ unidades.

_____ y _____ son _____

Prepárate para el módulo 9

Dibuja saltos para indicar cómo podrías contar hacia delante para calcular cada total. Escribe los totales.

a.

52 + 17 = _____

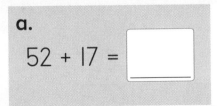

40   50   60   70

b.

63 + 25 = _____

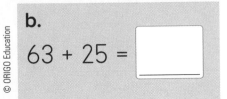

60   70   80   90

Conoce   Imagina que cortas 39 pulgadas de este trozo de madera.

←————————————— **75 pulgadas** —————————————→

¿Cuál es una manera fácil de estimar la longitud del trozo que sobra?

39 está cerca de 40,
entonces pienso en 75 – 40.

Imagina que el largo total es de 45 pulgadas y cortas un tozo de 16 pulgadas de largo. ¿Cómo estimarías 45 – 16?

16 está cerca de 15, entonces pienso
en 45 – 15 para hacerlo más fácil.

Intensifica   **I.**   Estima la **diferencia** entre estas longitudes. Luego escribe una ecuación para indicar tu razonamiento.

a.

| 29 in | | 54 in |

La diferencia es cerca de _____ in. _____

b.

| 96 in | | 36 in |

La diferencia es cerca de _____ in. _____

c.

| 46 in | | 85 in |

La diferencia es cerca de _____ in. _____

2. Lee cada problema. Luego colorea la etiqueta para indicar tu **estimado**.

a. La película dura 96 minutos. Evan pausa la película a los 54 minutos para hacer palomitas. ¿Cerca de cuántos minutos más durará la película?

30 minutos	40 minutos	50 minutos

b. Brianna tenía $57. Ella gastó $29 en flores, y $11 en un libro. ¿Cerca de cuánto dinero le queda a ella?

$10	$20	$30

c. Hernando está conduciendo a la playa. La distancia total es de 85 millas. Él ha conducido por 14 millas. ¿Cerca de cuántas millas más necesita conducir?

70 millas	80 millas	90 millas

d. Carol juega baloncesto. Ella anotó 18 puntos en la primera temporada y 61 puntos en la segunda temporada. ¿Cerca de cuántos puntos más anotó ella en la segunda temporada?

30 puntos	40 puntos	50 puntos

3. Colorea las tarjetas que tiene una diferencia de **cerca de 50**.

a. 51 – 30	**b.** 78 – 65	**c.** 63 – 15	**d.** 94 – 39	**e.** 82 – 17
f. 45 – 21	**g.** 72 – 24	**h.** 64 – 55	**i.** 82 – 34	**j.** 98 – 31

Avanza

Colorea las dos cintas que tienen una diferencia de cerca de 30 pulgadas de largo.

32 pulgadas

12 pulgadas

45 pulgadas

74 pulgadas

Conoce

Los estudiantes de la clase 2B han recolectado 124 tapas de cajas de cereal. Ellos han recolectado 19 tapas más que la clase 2A.

¿Cuántas tapas de cajas ha recolectado la clase 2A?

¿Es este un problema de suma o de resta?
¿Cómo lo sabes?

¿Crees que la diferencia es mayor que o menor que 100? ¿Cómo lo sabes?

Corey siguió estos pasos para calcular la diferencia.

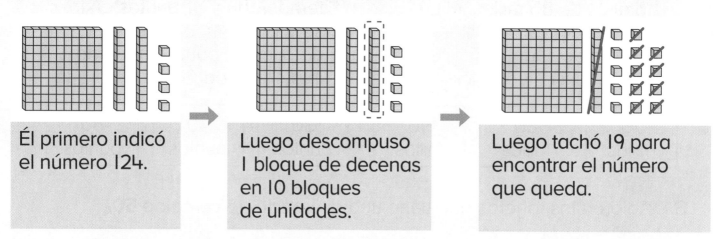

El primero indicó el número 124.

Luego descompuso 1 bloque de decenas en 10 bloques de unidades.

Luego tachó 19 para encontrar el número que queda.

¿Por qué crees que él descompuso 1 bloque de decenas en 10 bloques de unidades?

¿Cómo indican los bloques la solución del problema?

Intensifica

1. En cada imagen de abajo, un bloque de decenas se descompuso en 10 bloques de unidades. Tacha bloques y completa las ecuaciones.

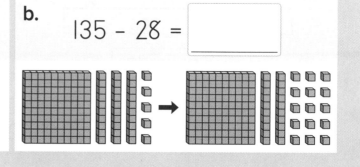

a. 121 − 15 = ⬚

b. 135 − 28 = ⬚

© ORIGO Education

2. Completa cada ecuación. Indica tu razonamiento.

a.

$127 - 18 =$ _____

b.

$131 - 26 =$ _____

c.

$140 - 23 =$ _____

3. Completa cada ecuación. Puedes utilizar bloques o hacer anotaciones en la página 318 como ayuda.

a. $124 - 15 =$ _____

b. $130 - 18 =$ _____

c. $108 - 24 =$ _____

d. $136 - 52 =$ _____

e. $122 - 17 =$ _____

f. $102 - 41 =$ _____

Avanza Escribe una ecuación que corresponda a cada historia. Cada ecuación debe utilizar números de dos y tres dígitos. Cada historia tiene más de una respuesta posible.

a. Akari tuvo que descomponer un bloque de decenas para restar 4 unidades.

_____ – _____ = _____

b. Peter tuvo que descomponer un bloque de centenas para restar 6 decenas.

_____ – _____ = _____

Práctica de cálculo

★ Escribe los totales en la cuadrícula de abajo.

Horizontales	Verticales
a. 34 + 33	**a.** 31 + 32
b. 21 + 23	**b.** 23 + 21
c. 11 + 12	**c.** 13 + 11
d. 43 + 41	**d.** 44 + 42
e. 32 + 34	**e.** 33 + 32
g. 43 + 42	**f.** 44 + 43
h. 13 + 14	**g.** 42 + 41
i. 21 + 22	**h.** 12 + 13
j. 23 + 22	

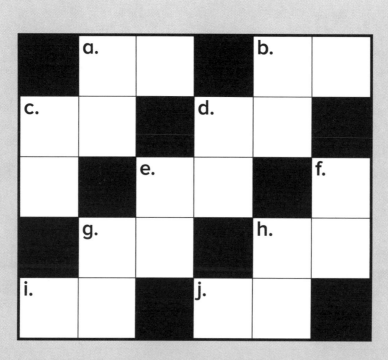

Práctica continua

1. Calcula la diferencia. Dibuja saltos para indicar tu razonamiento.

a.

$56 - 28 = \boxed{}$

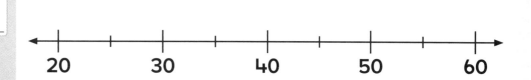

b.

$65 - 28 = \boxed{}$

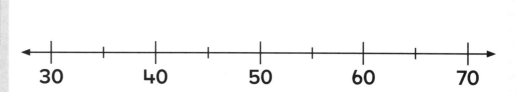

DE 2.7.6

2. Estima la diferencia entre estas longitudes. Luego escribe una ecuación para indicar tu razonamiento.

| 18 in | 34 in |

La diferencia es cerca de _____ in. _____

DE 2.8.5

Prepárate para el módulo 9

Completa cada ecuación.
Indica tu razonamiento.

a.

$37 + 34 = \boxed{}$

b.

$28 + 56 = \boxed{}$

Conoce   Observa el marcador.

¿Crees que el equipo de casa ganó por más de o menos de 50 puntos? ¿Cómo lo sabes?

¿Cómo calcularías la diferencia exacta?

Marvin utiliza bloques. Él sigue estos pasos.

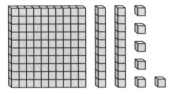

| Él primero indica 126. | Luego descompone 1 centena en 10 decenas. | Luego toma 8 decenas para encontrar la diferencia en los marcadores. |

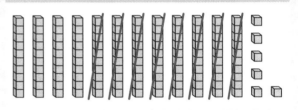

¿Por qué crees que él descompuso 1 bloque de centenas en 10 bloques de decenas?

¿Por cuántos puntos ganó el equipo de casa?

Intensifica   I.   En cada imagen se descompuso un bloque de centenas en 10 bloques de decenas. Tacha bloques y completa las ecuaciones.

a.

$110 - 30 = \boxed{}$

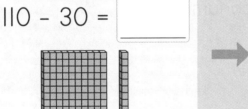

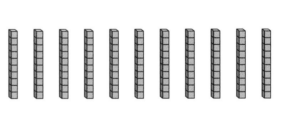

b.

$120 - 90 = \boxed{}$

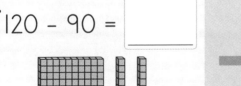

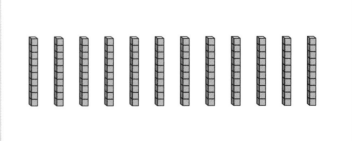

2. Dibuja imágenes para indicar cómo reagrupar. Luego completa las ecuaciones.

a.

115 – 30 = [ ]

b.

124 – 60 = [ ]

c.

128 – 50 = [ ]

3. Completa cada ecuación. Puedes utilizar bloques o hacer anotaciones en la página 318 como ayuda.

a.

110 – 90 = [ ]

b.

125 – 30 = [ ]

c.

108 – 20 = [ ]

Avanza

Dos equipos están jugado baloncesto. El equipo azul anota 36 puntos más que el equipo rojo. El equipo azul anota 110 puntos. ¿Cuántos puntos anota el equipo rojo?
Indica tu razonamiento.

[ ] _____ puntos

Resta: Números de dos dígitos de números de tres dígitos (descomposición de centenas)

Conoce

Un granjero recolecta 126 huevos el lunes y 54 huevos el miércoles.

¿Crees que la diferencia es mayor que o menor que 50? ¿Cómo lo decidiste?

Brady utiliza bloques para calcular la diferencia.

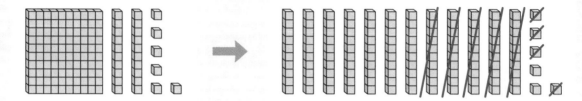

¿Qué pasos sigue él?

¿Cuántos huevos más fueron recolectados el lunes que el miércoles?

¿Qué ecuación escribirías?

Sobran 7 decenas y 2 unidades.

126 – 54 = 72

Intensifica

I. Escribe el número de decenas y unidades que sobra. Tacha bloques como ayuda. Luego escribe la diferencia.

a.
127 – 35 = ☐

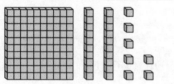

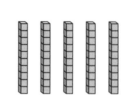

b.
114 – 21 = ☐

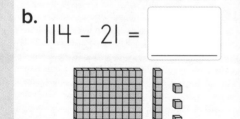

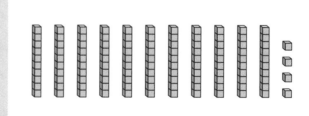

2. Dibuja imágenes para indicar cómo reagrupar. Luego completa las ecuaciones.

a.

$114 - 62 = \underline{}$

b.

$135 - 54 = \underline{}$

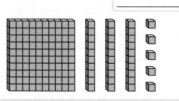

c.

$107 - 36 = \underline{}$

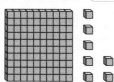

3. Completa cada ecuación. Puedes utilizar bloques o hacer anotaciones en la página 318 como ayuda.

a.
$124 - 82 = \underline{}$

b.
$116 - 85 = \underline{}$

c.
$105 - 34 = \underline{}$

Avanza

Lee el número de centenas, decenas y unidades. Luego escribe el mismo valor con solo decenas y unidades.

a. 1 centena 2 decenas y 5 unidades es el mismo número que

$\underline{}$ decenas y $\underline{}$ unidades

b. 1 centena 0 decenas y 2 unidades es el mismo número que

$\underline{}$ decenas y $\underline{}$ unidades

Piensa y resuelve

La imagen de abajo a la izquierda es una X mágica. El total de los números en cada línea recta es el mismo. El total mágico es 9.

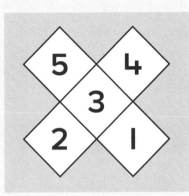

Utiliza estos números para hacer una X mágica con un total mágico de 15.

1	3	5

7   9

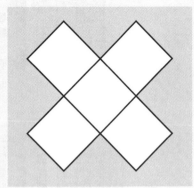

Palabras en acción

Escribe con palabras cómo resuelves este problema.

Charlotte compra unas flores por $15 y un libro por $26. Le quedan $14. ¿Cuánto dinero tenía ella antes de ir de compras?

Práctica continua

1. Escribe el número de lados dentro de cada polígono. Escribe **N** dentro de las figuras que **no** son polígonos.

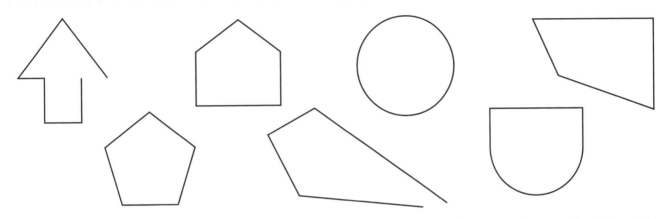

2. Dibuja imágenes para indicar cómo reagrupar. Luego completa las ecuaciones.

a.
$$126 - 43 = \boxed{}$$

➡

b.
$$105 - 31 = \boxed{}$$

➡

Prepárate para el módulo 9   Completa cada ecuación.

a.
$$70 + 70 = \boxed{}$$

b.
$$60 + 48 = \boxed{}$$

c.
$$36 + 80 = \boxed{}$$

d.
$$30 + 94 = \boxed{}$$

e.
$$50 + 75 = \boxed{}$$

f.
$$97 + 40 = \boxed{}$$

Conoce

Cuenta en pasos de cinco alrededor de este reloj.

Escribe los números que dices.

¿Qué pasa cuando llegas al 12 en el reloj?

¿Cuántos minutos después de la hora es la media hora? ¿Cómo lo sabes?

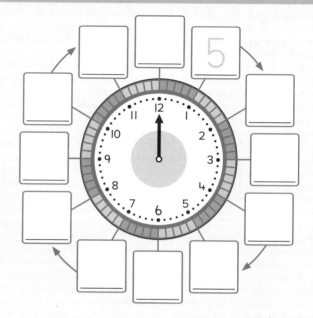

¿Cuántos minutos después de la hora indica este reloj?

¿Cuál hora es esta?

¿Qué hora indica el reloj?

¿De qué otra manera podrías leer esta hora?

¿Qué hora marca este reloj?

¿Cómo lo sabes?

Intensifica I. Escribe cada hora.

a.

8 y ____ minutos

b.

9 y ____ minutos

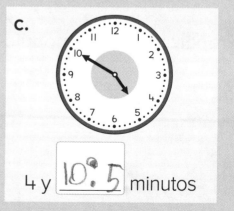

c.

4 y ____ minutos

2. Escribe números para indicar cada hora.

a.

___7___ y ___4___ minutos

b.

___8___ y ___3___ minutos

c.

___1___ y ___2___ minutos

d.
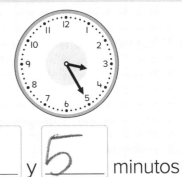

___4___ y ___5___ minutos

e.

___11___ y ___26___ minutos

f.

___0___ y ___9___ minutos

Avanza   Cuenta en pasos de cinco para calcular cuántos minutos han pasado.

a.

inicio   final

___4___ minutos

b.
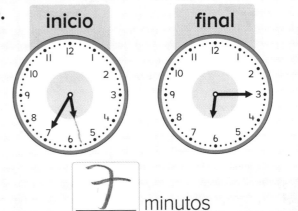

inicio   final

___7___ minutos

Conoce   ¿Qué hora indica este reloj dígital?

¿Cómo indicarías la misma hora en un reloj analógico?
¿Cómo lo sabes?

Observa este reloj.
¿Por qué hay un cero justo antes del cinco?

¿Cómo indicarías la misma hora en un reloj analógico?
¿Cómo lo sabes?

¿De qué otras maneras podrías decir la hora que se indica en este reloj?

Las nueve y
veinte minutos.

Las nueve y veinte.

Intensifica   I.   Traza líneas para conectar las horas correspondientes.
Tacha el reloj digital que no corresponda a ningún otro.

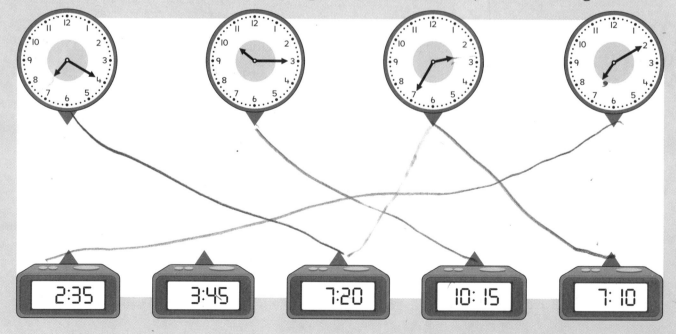

2. Traza líneas para conectar los relojes a las horas escritas.
Tacha los dos relojes que **no** correspondan a ninguna hora escrita.

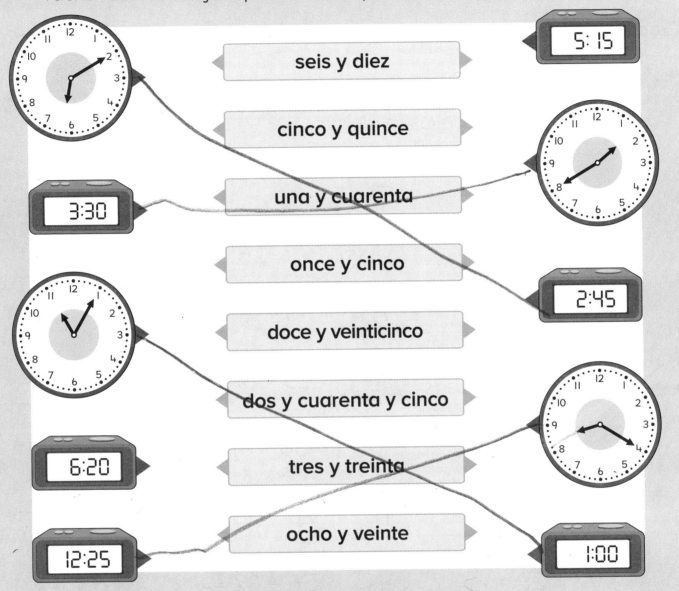

seis y diez

cinco y quince

una y cuarenta

once y cinco

doce y veinticinco

dos y cuarenta y cinco

tres y treinta

ocho y veinte

Avanza

En cada patrón, el reloj que sigue indica **5 minutos más**.
Completa las horas que faltan.

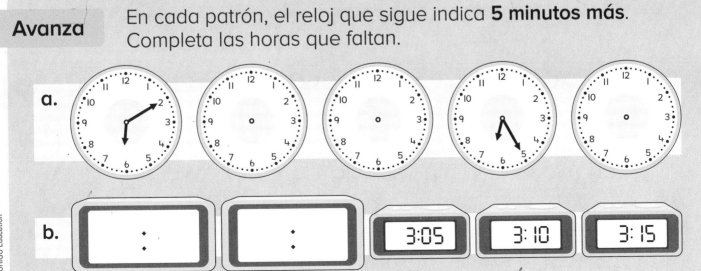

a.

b. | 3:05 | 3:10 | 3:15

© ORIGO Education

Práctica de cálculo   ¿Qué le dijo el océano a las personas en la playa?

★ Completa las ecuaciones.
★ Luego escribe cada letra arriba del total correspondiente en la parte inferior de la página. Algunas letras se repiten.

26 + 33 = ☐   a   39 + 14 = ☐   c

45 + 48 = ☐   l   47 + 31 = ☐   i

67 + 24 = ☐   o   15 + 29 = ☐   e

82 + 16 = ☐   s   28 + 67 = ☐   d

24 + 18 = ☐   t   36 + 61 = ☐   u

38 + 38 = ☐   n   26 + 45 = ☐   p

72 + 27 = ☐   m   56 + 32 = ☐   ó

☐	☐	☐	☐	☐	☐	☐	☐	☐	☐	☐
98	78	99	71	93	44	99	44	76	42	44

☐	☐	☐	☐	☐	☐	☐	☐	☐
93	59	98	98	59	93	97	95	88

☐	☐	☐	☐	☐	☐	☐	☐	☐
53	91	76	97	76	59	91	93	59

Práctica continua

1. Utiliza tu regla para dibujar más lados rectos para hacer tres cuadriláteros.

a.

b.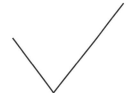

c.

2. Escribe números para indicar cada hora.

a.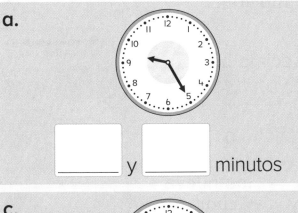

_____ y _____ minutos

b.

_____ y _____ minutos

c.

_____ y _____ minutos

d.

_____ y _____ minutos

Prepárate para el módulo 9

a. Dibuja un lápiz que mida 4 pulgadas de largo.

b. Dibuja un lápiz que sea más corto que 4 pulgadas.

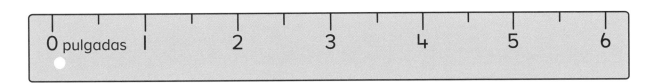

Conoce Observa este reloj analógico.

¿Adónde señalarán las manecillas cuando sean las 11 en punto? ¿Cómo lo sabes?

¿Adónde señalarán las manecillas cuando sean las 11 y media? ¿Cómo lo sabes?

¿Cuántos minutos después de la hora se ha movido el minutero en este reloj?

¿De qué maneras diferentes podrías leer o decir la hora que se indica en este reloj?

Las nueve y quince minutos

las nueve y quince, y

las nueve y cuarto.

¿Cómo indicarías la misma hora en este reloj digital?

¿Cómo lo sabes?

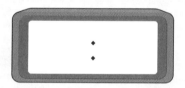

Intensifica 1. Escribe la hora correspondiente en el reloj digital.

a.

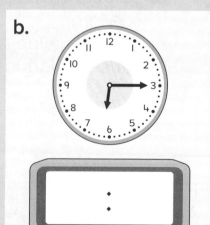

b.

c.

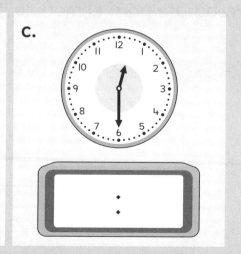

2. Dibuja manecillas en el reloj analógico para indicar la hora correspondiente.

a.

b.

c.

3. Escribe cada hora de dos maneras diferentes.

a.
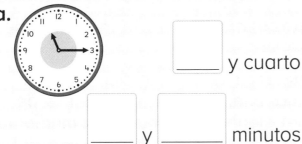

b.
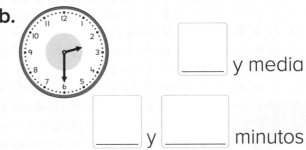

c.
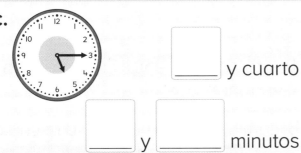

d.
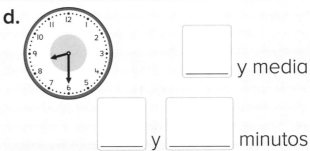

Avanza   Completa los relojes para continuar con cada patrón.

a.

b.
    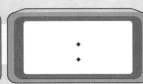

Conoce

¿A qué hora comienza un día?
¿A qué hora termina? ¿Cómo lo sabes?

¿Qué hora es exactamente a la mitad del día?

Observa el reloj.
¿Qué sabes acerca de esta hora del día?

¿Cómo podrías indicar la diferencia entre las
6 en punto de la mañana y las 6 en punto de la tarde?

Escribimos **a.m.** para describir horas **entre la medianoche y el mediodía**.

Escribimos **p.m.** para describir horas **entre el mediodía y la medianoche**.

a.m. es la manera corta de decir **ante meridiem**, lo cual
significa **antes del mediodía**. **p.m.** es la manera corta de
decir **post meridiem**, lo cual significa **después del mediodía**.

Intensifica

1. Escribe la hora digital para cada evento. Luego escribe
a.m. o **p.m.** según corresponda al evento.

a. desayunar

b. caminar a casa desde la escuela

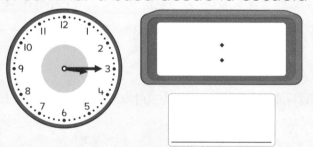

c. prepararme para la cena

d. alistar el almuerzo

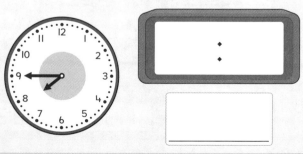

2. Escribe estas horas de manera digital. Encierra **a.m.** o **p.m.**

a. diez y veinticinco minutos
de la mañana

☐ : ☐   a.m.   p.m.

b. siete y cuarenta y cinco
de la noche

☐ : ☐   a.m.   p.m.

c. tres y quince minutos
de la tarde

☐ : ☐   a.m.   p.m.

d. once y diez de la noche

☐ : ☐   a.m.   p.m.

e. once y cuarto
de la mañana

☐ : ☐   a.m.   p.m.

f. cuatro y cincuenta
de la tarde

☐ : ☐   a.m.   p.m.

g. diez y treinta de la noche

☐ : ☐   a.m.   p.m.

h. ocho y quince
de la noche

☐ : ☐   a.m.   p.m.

Avanza   Kyle y Emma viven en ciudades diferentes. Sus familias van a ir de vacaciones al mismo campamento.

La familia de Kyle saldrá a las 9 p.m. del viernes. Su viaje les tomará 10 horas. La familia de Emma saldrá a las 3 a.m. del sábado. Su viaje les tomará 5 horas.

a. ¿Cuál familia llegará al campamento primero?

b. ¿A qué hora del día llegarán?

Piensa y resuelve

Solo te puedes mover
en esta dirección ⟶ o esta ↑.

⟶ es 1 unidad.

¿Cuántas unidades hay en el
camino **más corto** desde la casa
hasta la escuela?

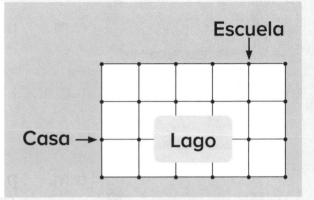

Palabras en acción

Imagina que tu amigo estuvo ausente cuando
aprendiste acerca del uso de a.m. y p.m.
Escribe cómo le explicarías esos términos a tu amigo.

I. Dibuja la figura que corresponda a cada etiqueta.

a. un triángulo sin lados de la misma longitud

b. un cuadrilátero con exactamente dos lados de la misma longitud

DE 2.7.12

2. Escribe la hora digital para cada evento. Luego escribe **a.m.** o **p.m.** según corresponda al evento.

a. despertar

b. almorzar

DE 2.8.12

Prepárate para el módulo 9

Encuentra y anota el nombre de dos objetos de tu casa que correspondan a cada longitud.

a. Entre 1 y 2 yardas de largo

b. Entre 2 y 3 yardas de largo

_____

_____

_____

_____

Conoce

Había 105 estudiantes en el área de juegos. 3 estudiantes más se les unieron. ¿Cuántos estudiantes hay ahora?

Es un salto muy pequeño, entonces es más fácil hacerlo mentalmente. Utilizaré lo que sé de mis operaciones básicas de suma.

Sara indicó su razonamiento en esta recta numérica.

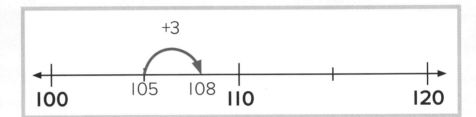

¿Qué otros problemas de suma mayor que 100 crees que podrías resolver fácilmente?

Intensifica

1. Cuenta hacia delante y escribe los totales. Indica tu razonamiento.

a.

$126 + 2 = \underline{}$

```
120        130        140
+---+---+---+---+---+--->
```

b.

$116 + 3 = \underline{}$

```
100        110        120
+---+---+---+---+---+--->
```

2. Calcula los totales. Luego escribe las operaciones conmutativas.

a.

$106 + 3 = \underline{}$

$\underline{} + \underline{} = \underline{}$

b.

$146 + 1 = \underline{}$

$\underline{} + \underline{} = \underline{}$

3. Completa cada ecuación. Indica tu razonamiento.

a.

$153 + 10 =$ _____

150   160   170

b.

$238 + 20 =$ _____

230   240   250   260

c.

$142 + 30 =$ _____

4. Calcula los totales. Luego escribe las operaciones conmutativas.

a.

$234 + 30 =$ _____

_____ + _____ = _____

b.

$275 + 20 =$ _____

_____ + _____ = _____

5. Piensa en las operaciones conmutativas como ayuda para calcular los totales.

a.
$10 + 238 =$ _____

b.
$1 + 156 =$ _____

c.
$3 + 266 =$ _____

Avanza   Escribe los números que faltan a lo largo de este camino.

321 → +2 → _____ → +30 → _____ → +3 → _____ → +20 → _____

Conoce

Se está presentando una obra de teatro en el gimnasio de la escuela.

La semana pasada se vendieron 453 boletos. Ayer se vendieron otros 32 boletos. ¿Cómo podrías calcular el número total de boletos que se han vendido?

José indicó su razonamiento en una recta numérica.

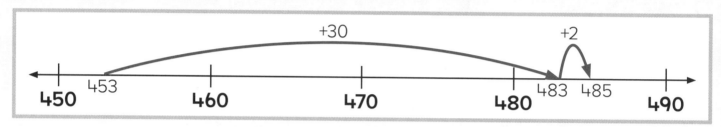

¿Qué otros saltos se podrían hacer para calcular el total?

Abigail utilizó bloques como ayuda para calcular el total.

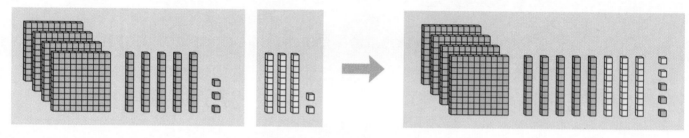

¿Cuántas centenas hay en total? ¿Cuántas decenas? ¿Cuántas unidades?

Intensifica   **I.**   Completa cada ecuación. Indica tu razonamiento.

a.   451 + 23 = _____

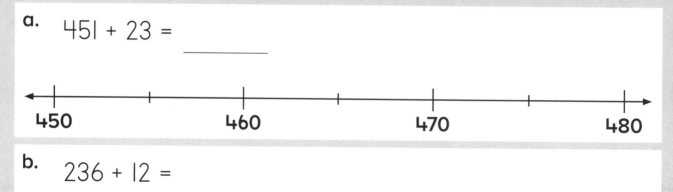

b.   236 + 12 = _____

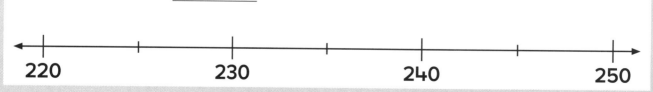

2. Completa cada ecuación. Indica tu razonamiento.

a.

374 + 13 = _____

⟵――――――――――――――――――⟶

b.

528 + 31 = _____

⟵――――――――――――――――――⟶

3. Escribe el número de centenas, decenas y unidades. Luego escribe una ecuación para indicar el total. Puedes utilizar bloques como ayuda.

a. 625 + 14

Hay ☐ centenas.

Hay ☐ decenas.

Hay ☐ unidades.

_____ + _____ + _____ = _____

b. 352 + 26

Hay ☐ centenas.

Hay ☐ decenas.

Hay ☐ unidades.

_____ + _____ + _____ = _____

Avanza

Escribe los números que faltan para hacer cada ecuación verdadera.

a. | 7 | | + | | 5 | = | 2 | 8 | 7 |

b. | 1 | | 4 | + | 3 | | = | 1 | 7 | 6 |

c. | | 2 | | + | | 6 | = | 8 | 5 | 7 |

Práctica de cálculo   ¿Por qué dos arañas jugaban fútbol en un platillo?

★ Completa las ecuaciones.
★ Luego escribe cada letra arriba de la respuesta correspondiente en la parte inferior de la página.

$12 - 8 =$ ____ **r**

$5 + 9 =$ ____ **s**

$9 + 4 =$ ____ **c**

$5 - 3 =$ ____ **b**

$13 - 8 =$ ____ **d**

$4 + 3 =$ ____ **p**

$11 - 5 =$ ____ **t**

$16 - 7 =$ ____ **o**

$8 + 9 =$ ____ **i**

$3 + 8 =$ ____ **l**

$2 + 8 =$ ____ **c**

$7 + 8 =$ ____ **a**

$14 - 6 =$ ____ **n**

$12 - 9 =$ ____ **r**

$7 + 5 =$ ____ **n**

$9 + 7 =$ ____ **e**

Algunas letras se repiten.

16	14	6	15	2	15	8

7	4	15	13	6	17	10	15	12	5	9

7	15	3	15		11	15		13	9	7	15

Práctica continua

1. Escribe el número de decenas y unidades.
Luego escribe el total.

a.

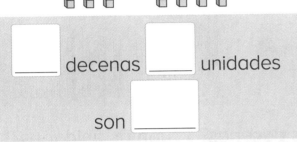

[ ] decenas [ ] unidades

son [ ]

b.

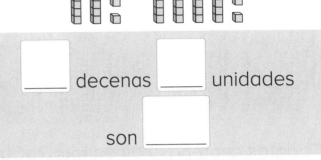

[ ] decenas [ ] unidades

son [ ]

2. Piensa en las operaciones conmutativas como ayuda para calcular los totales.

a.
356 + 10 = [ ]

b.
368 + 20 = [ ]

c.
355 + 30 = [ ]

d.
10 + 374 = [ ]

e.
20 + 361 = [ ]

f.
30 + 359 = [ ]

Prepárate para el módulo 10

Dibuja imágenes para indicar cómo reagrupar. Luego completa las ecuaciones.

a.
117 − 80 = [ ]

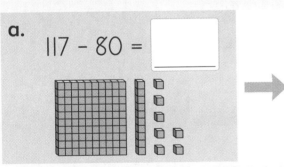

b.
128 − 60 = [ ]

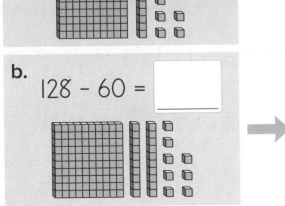

Conoce

¿Cómo podrías calcular el costo total de la guitarra y el altavoz?

$127

$341

Mia utilizó bloques como ayuda para calcular el costo total.

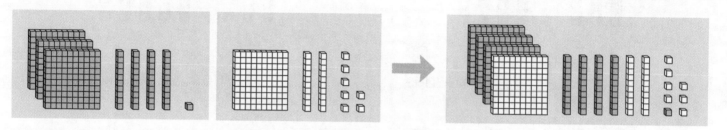

¿Cuántas centenas hay en total? ¿Cuántas decenas? ¿Cuántas unidades?

Terek utilizó una recta numérica para calcularlo.

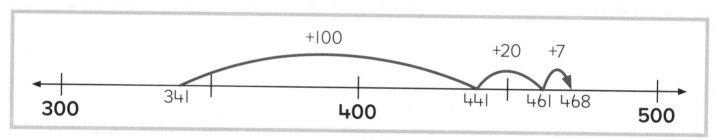

¿Con cuál número inició él? ¿Cómo separó el otro número?

Intensifica

1. Escribe el número de centenas, decenas y unidades. Luego escribe una ecuación para indicar el total. Puedes utilizar bloques como ayuda.

a. 245 + 131

Hay ____ centenas.

Hay ____ decenas.

Hay ____ unidades.

____ + ____ + ____ = ____

b. 436 + 122

Hay ____ centenas.

Hay ____ decenas.

Hay ____ unidades.

____ + ____ + ____ = ____

2. Completa cada ecuación. Indica tu razonamiento.

a.

257 + 112 = _____

```
←——+——————+——————————+——————————+——+→
  200            300                    400
```

b.

748 + 131 = _____

```
←——+——————+——————————+——————————+——+→
  700            800                    900
```

c.

231 + 124 = _____

```
←————————————————————————————————————————→
```

3. Utiliza una estrategia de razonamiento para resolver cada una de estas ecuaciones. Puedes anotar tu razonamiento en la página 356.

a.

372 + 113 = ☐

b.

153 + 124 = ☐

c.

520 + 124 = ☐

Avanza Cada ladrillo indica el total de los dos números que están directamente debajo. Escribe los números que faltan.

a.

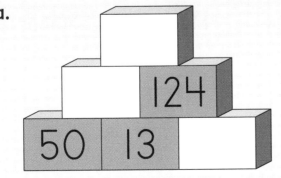

b.

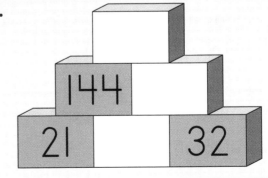

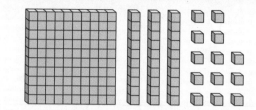

Conoce Observa esta imagen de bloques.

¿Qué número indica?
¿Cómo lo sabes?

¿Qué podrías hacer con los bloques de unidades para hacer 4 bloques de decenas y mantener el mismo total?

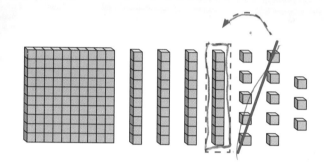

Podría reagrupar 10 bloques de unidades como 1 bloque de decenas. Eso hace 4 bloques de decenas y el total no cambia.

Observa esta imagen.

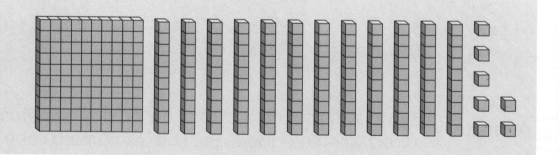

¿Qué podrías hacer con los bloques para hacer 2 bloques de centenas y mantener el mismo total?

¿Cuántos bloques de decenas tendrías?
¿Cuántos bloques de unidades habría?

¿Cambia el total?

Lee el número de centenas, decenas y unidades.
Escribe el número correspondiente. Indica tu razonamiento.

a. 2 centenas, 1 decena y 13 unidades

(es el mismo valor que)

1 4

b. 3 centenas, 8 decenas, y 18 unidades

(es el mismo valor que)

2 6

c. 1 centena, 2 decenas y 16 unidades

(es el mismo valor que)

1 9

d. 7 centenas, 3 decenas y 36 unidades

(es el mismo valor que)

e. 7 centenas, 16 decenas y 2 unidades

(es el mismo valor que)

f. 2 centenas, 14 decenas y 6 unidades

(es el mismo valor que)

Observa esta imagen de bloques.

Calcula y escribe el número que indica la imagen.

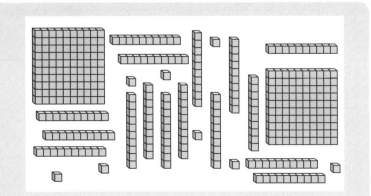

Piensa y resuelve

Imagina que lanzas tres saquitos con frijoles y todos caen en este blanco.

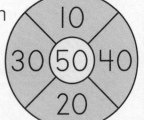

a. Escribe el total mayor y menor posible.

mayor	menor

b. Escribe una ecuación para indicar una manera en que puedes hacer un **total de 80**.

☐ + ☐ + ☐ = **80**

c. Escribe ecuaciones para indicar **otras dos maneras** en que puedes hacer un total de 80.

☐ + ☐ + ☐ = **80**   ☐ + ☐ + ☐ = **80**

Palabras en acción

Escribe acerca algunas maneras diferentes en que puedes separar 365 en centenas, decenas y unidades. Puedes utilizar palabras de la lista como ayuda.

| centenas |
| decenas |
| unidades |
| reagrupar |
| partes |

I. Observa cada imagen de bloques. Escribe el número correspondiente con y sin el expansor.

a.

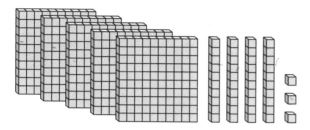

| 5 | centenas | 4 | 3 |

543

b.

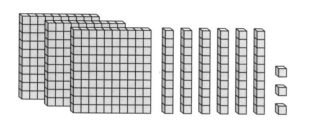

| 3 | centenas | 6 | 3 |

363

DE 2.1.8

2. Dibuja saltos para indicar cómo podrías calcular el total. Luego escribe el total.

634 + 152 = 786

| 500 | 600 | 700 | 800 |

DE 2.9.3

Dibuja imágenes para indicar cómo reagrupar. Luego completa las ecuaciones.

a.

138 – 62 =

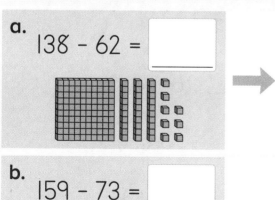

b.

159 – 73 =

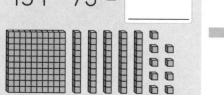

Conoce

Observa estas imágenes de bloques.

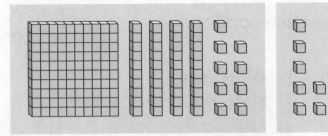

¿Qué números representan?
¿Cuál es el total?
¿Qué harías con las 16 unidades?

¿De qué otra manera podrías calcular el total?

Podría utilizar una recta numérica como esta.

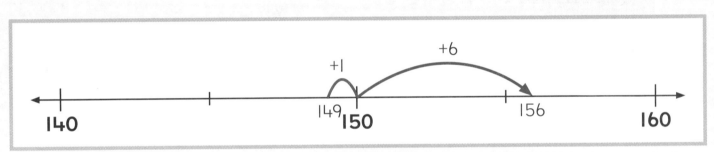

¿Cómo sumarías los números mentalmente?

Intensifica

1. Escribe el número de centenas, decenas y unidades.
Luego escribe una ecuación para indicar el total.
Puedes utilizar bloques como ayuda.

a. **345 + 7**

Hay ____ centenas.

Hay ____ decenas.

Hay ____ unidades.

____ + ____ + ____ = ____

b. **287 + 8**

Hay ____ centenas.

Hay ____ decenas.

Hay ____ unidades.

____ + ____ + ____ = ____

2. Dibuja saltos para indicar cómo sumas para encontrar el total.
Luego escribe el total.

a.
$139 + 5 = $ [ ]

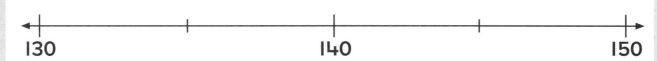

130   140   150

b.
$168 + 3 = $ [ ]

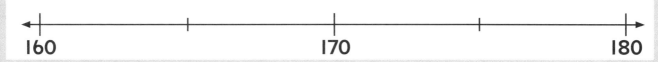

160   170   180

c.
$576 + 8 = $ [ ]

d.
$807 + 6 = $ [ ]

Avanza   Escribe una ecuación que corresponda a la historia.
Luego escribe el total.

El lunes, Donna caminó 538 pasos de desde la puerta de su casa hasta
la parada del autobús. El martes, ella contó sus pasos de nuevo.
Ella se dio cuenta de que había caminado 6 pasos más que el lunes.
¿Cuántos pasos caminó el martes?

[ ]

Conoce

Observa estas imágenes de bloques.

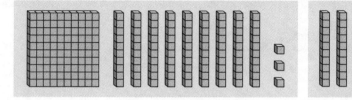

¿Qué números indican?

¿Cómo podrías calcular el total?

Isaac sumó en una recta numérica así.

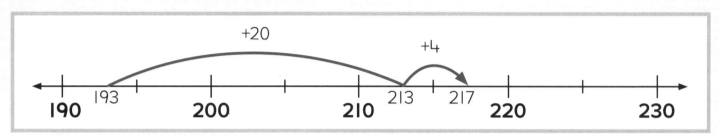

Dibuja saltos en esta recta numérica para indicar otra manera de encontrar el total.

Intensifica

I. Escribe el número de centenas, decenas y unidades. Luego escribe una ecuación para indicar el total. Puedes utilizar bloques como ayuda.

a.   **354 + 28**

Hay ☐ centenas.

Hay ☐ decenas.

Hay ☐ unidades.

____ + ____ + ____ = ____

b.   **286 + 32**

Hay ☐ centenas.

Hay ☐ decenas.

Hay ☐ unidades.

____ + ____ + ____ = ____

2. Dibuja saltos para indicar cómo encontraste cada total.
Luego escribe el total.

a.

$328 + 25 =$ ☐

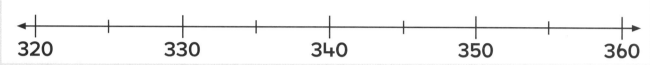

320   330   340   350   360

b.

$637 + 27 =$ ☐

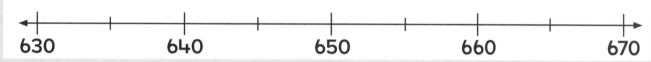

630   640   650   660   670

c.

$797 + 26 =$ ☐

d.

$488 + 32 =$ ☐

Avanza

Jack compró una consola de juegos y un juego.
Él tenía $200 y recibió algo de vuelto. Encierra los artículos
que pudo haber comprado. Hay más de una respuesta posible.

$148

$173

BARCO DE BATALLA
$57

Siembra un Jardín
$38

$26

Práctica de cálculo

¿Cuál pie puso primero Neil Armstrong al llegar a la luna?

★ Completa las ecuaciones. Luego colorea las letras que indican cada total en el rompecabezas de abajo. La respuesta está en inglés.

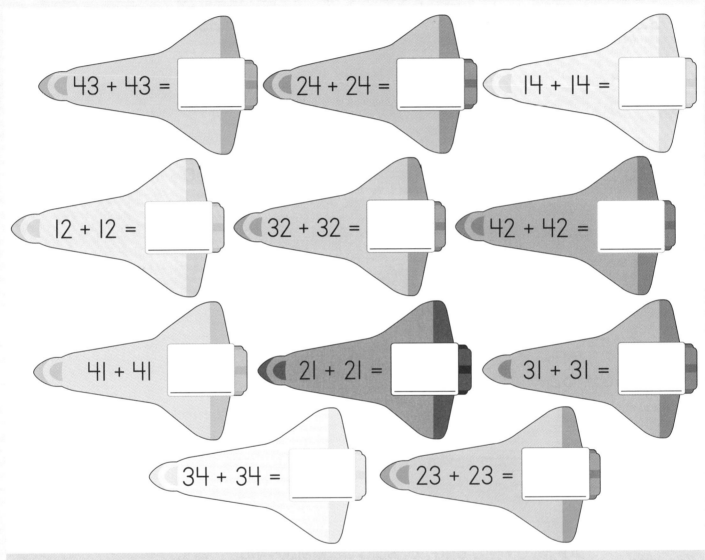

43 + 43 =

24 + 24 =

14 + 14 =

12 + 12 =

32 + 32 =

42 + 42 =

41 + 41

21 + 21 =

31 + 31 =

34 + 34 =

23 + 23 =

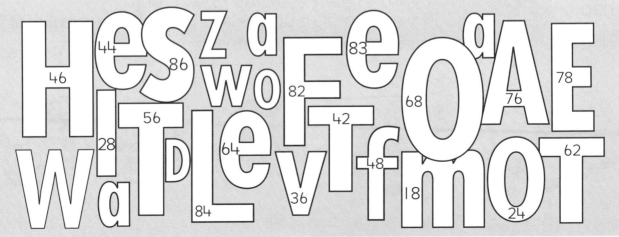

Práctica continua

1. Dibuja imágenes para indicar cómo reagrupar.
Luego completa la ecuación.

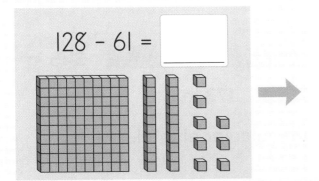

128 − 61 = ☐

2. Escribe el número de centenas, decenas y unidades. Luego escribe una ecuación para indicar el total. Puedes utilizar bloques como ayuda.

a. 265 + 8

Hay ☐ centenas.

Hay ☐ decenas.

Hay ☐ unidades.

_____ + _____ + _____ = _____

b. 326 + 7

Hay ☐ centenas.

Hay ☐ decenas.

Hay ☐ unidades.

_____ + _____ + _____ = _____

Prepárate para el módulo 10

Lee el número de centenas, decenas y unidades. Escribe el número correspondiente. Indica tu razonamiento.

a. 4 centenas, 12 decenas y 5 unidades

es el mismo valor que

b. 3 centenas, 4 decenas y 12 inidades

es el mismo valor que

Suma: Números de tres dígitos
(composición de decenas y centenas)

Conoce   Observa estos dos trozos de cinta.

¿Cómo podrías calcular la longitud total?

345 in

173 in

Wendell sumó las partes de cada número para calcular el total.
Escribe una ecuación para indicar su suma.

Dibuja saltos para indicar cómo podrías sumar los números utilizando
una recta numérica.

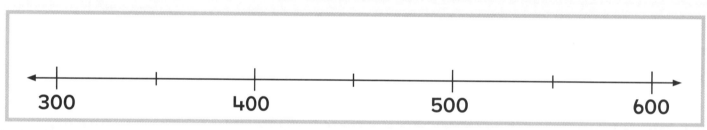

300   400   500   600

¿Cuál método te gusta más? ¿Por qué?

Intensifica   I.   Escribe el número de centenas, decenas y unidades.
Luego escribe una ecuación para indicar el total.
Puedes utilizar bloques como ayuda.

a.   252 + 129

Hay ☐ centenas.

Hay ☐ decenas.

Hay ☐ unidades.

___ + ___ + ___ = ___

b.   134 + 685

Hay ☐ centenas.

Hay ☐ decenas.

Hay ☐ unidades.

___ + ___ + ___ = ___

2. Dibuja saltos para indicar cómo podrías calcular cada total.
Luego escribe los totales.

a.

$458 + 138 =$ _____

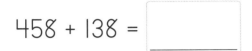

400   500   600

b.

$266 + 125 =$ _____

200   300   400

c.

$187 + 132 =$ _____

d.

$381 + 136 =$ _____

Avanza   Algunos estudiantes están uniendo cubos para formar hileras.

La pieza de Carrina mide 135 cubos de largo.

La pieza de Isabelle mide 116 cubos de largo.

La pieza de Richard mide 182 cubos de largo.

a. ¿Cuál es la hilera más larga que ellos pueden hacer si juntan dos piezas? _____ cubos

b. ¿Cuál es la hilera más larga que ellos pueden hacer si juntan todas sus piezas? _____ cubos

Conoce La familia de Logan está comprando algunas cosas para sus vacaciones. ¿Qué piensas que van a hacer?

¿Cómo podrías calcular el costo total de la tienda de campaña y la silla?

¿Qué ecuaciones podrías escribir para indicar tu razonamiento?

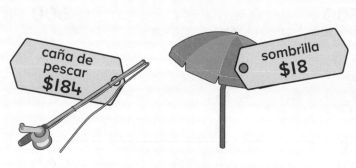

caña de pescar $184

sombrilla $18

silla de acampar $23

tienda de campaña $435

Giselle sumó las posiciones así:	Katherine contó hacia adelante las posiciones así:
$400 + 0 = 400$ $30 + 20 = 50$ $5 + 3 = 8$ $400 + 50 + 8 = 458$	$435 + 20 = 455$ $455 + 3 = 458$

¿Cuál método utilizarías para sumar números como estos? ¿Por qué?

Intensifica I. Calcula el costo total de cada par de artículos. Puedes utilizar bloques o dibujar rectas numéricas en la página 356 como ayuda. Luego escribe ecuaciones para indicar tu razonamiento.

a. caña de pescar y sombrilla	b. tienda de campaña y caña de pescar
      Total $\$$_____	 Total $\$$_____

2. Calcula el total. Puedes utilizar bloques o dibujar rectas numéricas en la página 356 como ayuda. Luego escribe ecuaciones para indicar tu razonamiento.

a.

$146 + 38 =$ ____

b.

$841 + 137 =$ ____

c.

$135 + 617 =$ ____

d.

$302 + 118 =$ ____

Avanza

Utiliza cada total como una de las partes de la siguiente ecuación. Puedes anotar tu razonamiento en la página 356.

188 + 31 = ____ → ____ + 27 = ____

138 + ____ = ____ → 116 + ____ = ____

Piensa y resuelve

a. Utiliza colores diferentes para indicar pares de números que sumen 100.

15	5	45	25	65

95	55	35	85

b. Encierra el número que sobra.

c. Utiliza ese número para completar esta ecuación.

$\boxed{} + \boxed{} = 100$

d. Utiliza dos números que **no** se indican arriba para completar esta ecuación.

$\boxed{} + \boxed{} = 100$

Palabras en acción

a. Escribe dos números diferentes de tres dígitos que sean menores que 500.

$\boxed{}\ \boxed{}$

b. Para encontrar el total, puedes sumar las partes de cada número o iniciar con el número mayor y sumar las partes del número menor.
¿Cuál estrategia utilizarías para encontrar el total? ¿Cómo lo decidiste?

Práctica continua

1. Completa los enunciados y la ecuación.
Puedes tachar bloques como ayuda.

a.
$$79 - 14 = \boxed{}$$

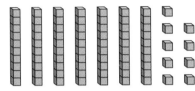

Hay ____ decenas.

Hay ____ unidades.

____ y ____ son ____

b.
$$67 - 22 = \boxed{}$$

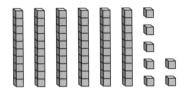

Hay ____ decenas.

Hay ____ unidades.

____ y ____ son ____

DE 2.8.2

2. Escribe el número de centenas, decenas y unidades. Luego escribe una ecuación para indicar el total. Puedes utilizar bloques como ayuda.

a. 351 + 239 $\boxed{}$

Hay $\boxed{}$ centenas.

Hay $\boxed{}$ decenas.

Hay $\boxed{}$ unidades.

____ + ____ + ____ = ____

b. 253 + 475 $\boxed{}$

Hay $\boxed{}$ centenas.

Hay $\boxed{}$ decenas.

Hay $\boxed{}$ unidades.

____ + ____ + ____ = ____

DE 2.9.7

Prepárate para el módulo 10

Completa la ecuación.
Indica tu razonamiento.

$$72 - 38 = \boxed{}$$

Conoce ¿Qué sabes acerca del centímetro?

Cada borde de un bloque de unidades mide un centímetro de largo.

Mi dedo mide cerca de un centímetro de grueso.

Un bloque de unidades mide un centímetro de largo.
¿Cuánto mide un bloque de decenas? ¿Cómo lo sabes?

Intensifica

I. Utiliza bloques de unidades y bloques de decenas para medir cada una de estas longitudes.

a. palmo ☐ centímetros

b. palma ☐ centímetros

c. dedo índice ☐ centímetros

d. dedo meñique ☐ centímetros

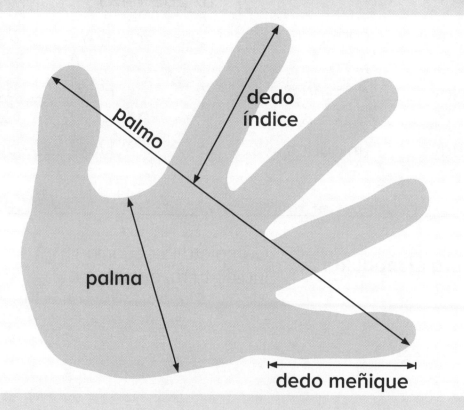

2. Traza el contorno de tu mano como la mano en la pregunta 1.

3. Utiliza bloques de unidades y bloques de decenas para medir cada una de estas longitudes.

a. palmo [ ] _____ centímetros

b. palma [ ] _____ centímetros

c. dedo índice [ ] _____ centímetros

d. dedo meñique [ ] _____ centímetros

Avanza Marcos estiró unos trozos de cuerda que se encontró.

La cuerda roja mide 46 centímetros de largo. La cuerda azul mide 48 centímetros de largo. La cuerda verde tiene la misma longitud de las otras dos cuerdas juntas. ¿Cuánto mide la cuerda verde?

_____ centímetros

Conoce

¿Cuáles objetos del salón de clases miden cerca de un centímetro de largo, un centímetro de ancho o un centímetro de grueso?

¿Cuáles objetos del salón de clases miden cerca de 20 centímetros de largo? ¿Cuál es una manera rápida de medir la longitud de estos objetos?

¿En qué número deberías iniciar cuando mides con una regla?

Una manera corta de escribir centímetro es cm.

Intensifica

I. a. Colorea de verde los objetos que **crees** que miden **cerca 5 cm de largo**.

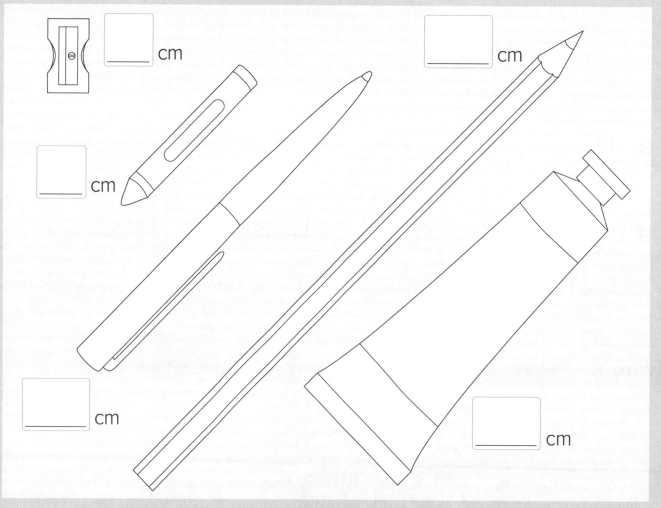

b. Utiliza una regla para medir la longitud de cada objeto. Escribe la longitud en centímetros.

2. Utiliza una regla para medir la distancia que se indica a lo largo de cada tira blanca. Marca la longitud y colorea esa parte de la tira. La primera tira se hizo como ejemplo.

a. Mide 10 cm.

b. Mide 6 cm.

c. Mide 12 cm.

d. Mide 15 cm.

e. Mide 4 cm.

3. Observa la tira en la pregunta 2d arriba. Utiliza una regla de pulgadas para medir la parte de la tira que marcaste.

a. **¿Cerca** de cuánto mide esa parte de la tira? _____ pulgadas

b. ¿Por qué hay menos pulgadas que centímetros?

Avanza

Samuel tiene dos serpientes como mascotas. Una serpiente mide 36 cm de largo. La otra mide 87 cm de largo. Calcula la **diferencia** de longitud entre las dos serpientes. Dibuja una recta numérica para indicar tu razonamiento.

_____ cm

© ORIGO Education

Práctica de cálculo

Si tienes seis limones en una mano y siete naranjas en la otra, ¿qué tienes?

★ Utiliza una regla para trazar una línea recta hasta cada diferencia correcta. La línea pasará por una letra. Escribe la letra debajo de la diferencia correspondiente. La primera se hizo como ejemplo.

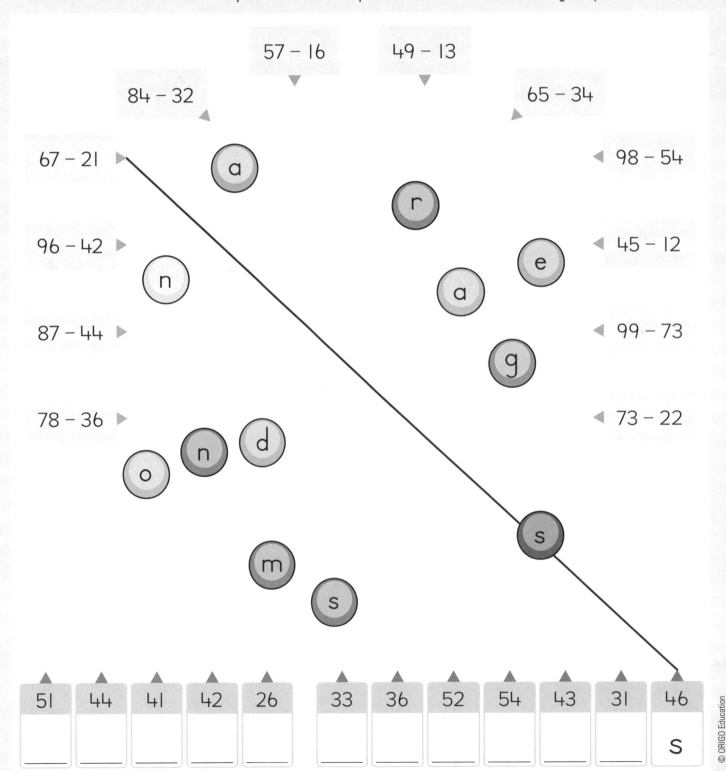

51	44	41	42	26	33	36	52	54	43	31	46
__	__	__	__	__	__	__	__	__	__	__	S

Práctica continua

1. Escribe cada hora.

a.

_____ y _____ minutos

b.

_____ y _____ minutos

c.

_____ y _____ minutos

d.
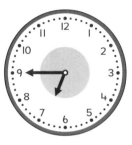

_____ y _____ minutos

e.

_____ y _____ minutos

f.

_____ y _____ minutos

2. Mide la distancia que se indica a lo largo de cada tira blanca. Marca la longitud y colorea esa parte de la tira. La primera se hizo como ejemplo.

a. Mide 11 cm.

b. Mide 14 cm.

c. Mide 8 cm.

Prepárate para el módulo 10

Completa la ecuación.
Indica tu razonameinto.

$152 - 47 =$ ☐

Conoce ¿Qué sabes acerca de los metros?

Las carreras de atletismo en los Juegos Olímpicos son en metros. Sé que hay una carrera de 100 metros y una de 400 metros.

Una manera corta de escribir metro es m.

Cuatro estudiantes lanzaron saquitos con frijoles como parte de un juego.

Estas banderas indican el lugar donde cayeron sus saquitos con frijoles.

Hailey Andre Leila Luke

La distancia entre el lanzamiento de Hailey y el tiro de Andre es un metro.

¿Cuál crees que es la distancia entre el lanzamiento de Luke y el de Leila?

¿Por qué piensas eso?

¿Qué otras distancias piensas que podrías calcular?

Intensifica

1. Cuatro estudiantes lanzaron saquitos con frijoles. Escribe la distancia del lanzamiento de cada uno o colorea la gráfica de barras para indicar el resultado.

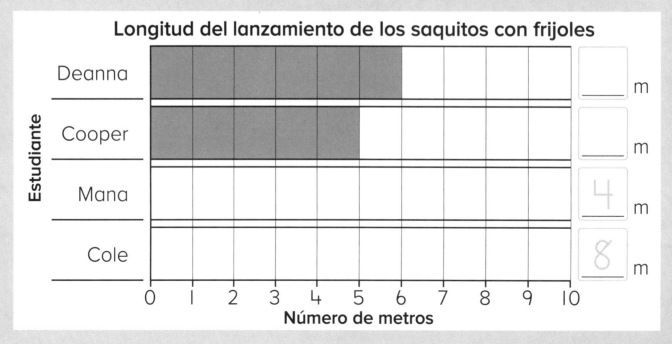

Longitud del lanzamiento de los saquitos con frijoles

© ORIGO Education

2. Utiliza la gráfica de la página 350 para completar estos enunciados.

a. Cole lanzó _____ metros más lejos que Cooper.

b. El lanzamiento de Mana fue _____ metros más corto que el de Deanna.

c. _____ fue la mitad de la distancia del de Cole.

d. _____ fue un metro más corto que el de Cooper.

e. _____ fue más corto que el de Cole, pero más largo que el de Cooper.

f. Escribe los nombres en orden del lanzamiento más corto al más largo.

3. a. Imagina que los lanzamientos de los saquitos se midieron en pies. ¿Sería el tiro de Mana más largo o más corto que 4 pies?

b. Imagina que los lanzamientos se midieron en yardas. ¿Sería el lanzamiento de Mana más largo o más corto que 4 yardas?

Avanza   Observa la tabla. Calcula estas longitudes totales.

Tipo de ballena	Longitud
Ballena austral	18 m
Ballena gris	14 m
Ballena minke	9 m
Orca	8 m
Ballena boreal	18 m
Ballena azul	34 m

a. Ballena gris y orca _____ m

b. Ballena boreal y austral _____ m

c. Ballena minke y ballena azul _____ m

Conoce

Diez estudiantes midieron la distancia entre sus muñecas y sus codos.

Ellos indicaron sus medidas en la gráfica de la derecha.

¿Qué crees que significan los números y los puntos?

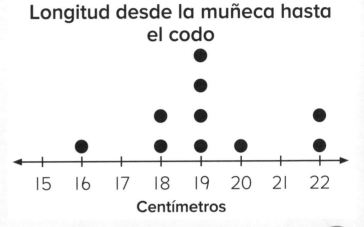

Longitud desde la muñeca hasta el codo

Centímetros

A este tipo de gráfica se le llama **gráfica de puntos** o **diagrama de puntos**.
Los números indican las longitudes.
Cada punto representa un estudiante.

Mantener cada fila en línea recta hace más fácil leerlas.

¿Cuántos estudiantes obtuvieron una medida de 19 cm?

¿Cuál fue la medida más larga que se registró?
¿Cuántos estudiantes obtuvieron esa medida?

Intensifica

1. Gemma midió la longitud de algunos lápices de su cartuchera. Ella registró los resultados en esta tabla. Utiliza las medidas para completar la gráfica de puntos de abajo.

14 cm	13 cm	9 cm	18 cm	13 cm	10 cm	17 cm
12 cm	18 cm	17 cm	15 cm	11 cm	17 cm	10 cm

Tacha cada número en la tabla de arriba después de haberlo anotado en la gráfica de puntos.

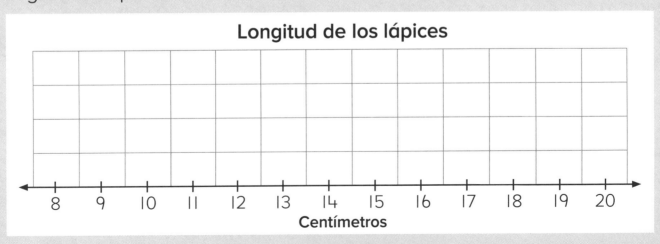

Longitud de los lápices

8   9   10   11   12   13   14   15   16   17   18   19   20

Centímetros

ORIGO Stepping Stones · 2.º grado · 9.12

© ORIGO Education

2. **a.** Tu profesora te dará un trozo de una pajita.
Utiliza una regla de centímetros para medirla.
Escribe su longitud aquí.

_____ cm

b. Con la ayuda de tu profesora, anota la longitud de la pajita
de cada estudiante.

_____ cm	_____ cm	_____ cm	_____ cm	_____ cm	_____ cm	_____ cm	_____ cm
_____ cm	_____ cm	_____ cm	_____ cm	_____ cm	_____ cm	_____ cm	_____ cm
_____ cm	_____ cm	_____ cm	_____ cm	_____ cm	_____ cm	_____ cm	_____ cm
_____ cm	_____ cm	_____ cm	_____ cm	_____ cm	_____ cm	_____ cm	_____ cm

c. Utiliza las medidas de arriba para completar la gráfica de puntos
de abajo. Anota la medida de **tu** pajita primero.

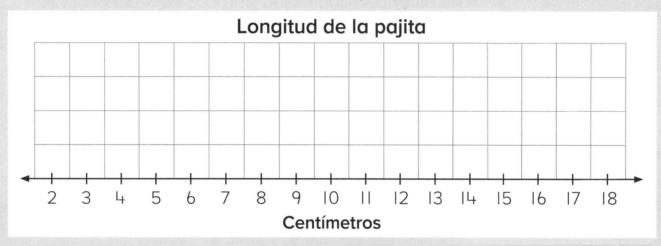

Longitud de la pajita

2 3 4 5 6 7 8 9 10 11 12 13 14 15 16 17 18
Centímetros

d. ¿Cuál fue la medida más larga que se registró? _____

e. ¿Qué medida o medidas fueron más frecuentes? _____

Avanza

Dibuja un lápiz más largo que 10 centímetros, pero más corto
que 5 pulgadas.

Piensa y resuelve Las figuras iguales pesan lo mismo. Escribe el valor que falta dentro de cada figura.

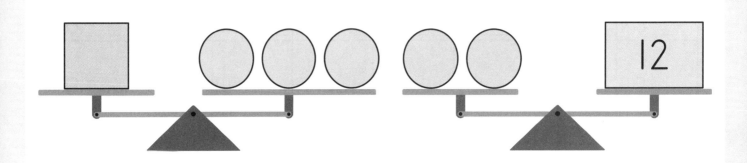

Palabras en acción

Elige y escribe palabras de la lista para completar estos enunciados. Una palabra se repite y sobra una palabra.

a.

Un _____ más corto que una pulgada.

b.

Debes iniciar en _____ cuando mides con una regla.

c.

El número 415 puede ser separado en cuatro _____,

cero decenas y quince _____.

d.

Un bloque de unidades mide un _____ de largo.

e.

Un _____ es un poco más largo que una yarda.

centenas
centímetro
cero
metro
decenas
unidades

Práctica continua **I.** Escribe la hora correspondiente en el reloj digital.

a.

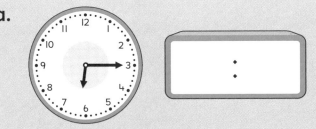

b.

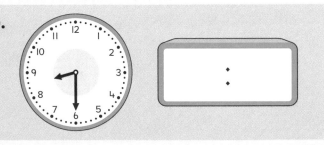

2. Tres estudiantes lanzaron aviones de papel.

a. Escribe la distancia o colorea la gráfica para indicar el resultado del vuelo de cada avión.

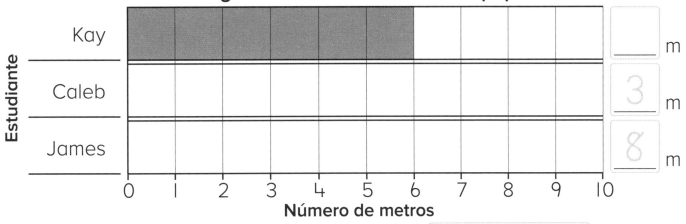

Longitud del vuelo del avión de papel

Kay _____ m

Caleb 3 m

James 8 m

Estudiante

Número de metros

b. ¿Quién lanzo el avión más lejos? _____

c. ¿Cuántos metros voló el avión de Kay? _____ metros

Prepárate para el módulo I0

Dibuja imágenes para indicar cómo reagrupar. Luego completa la ecuación.

$127 - 55 =$ ☐

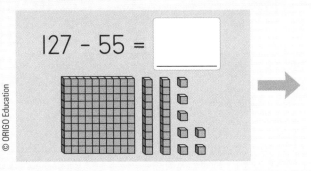

Conoce

Noah tiene 224 tarjetas en su colección.
Mary tiene 20 tarjetas menos que Noah.

¿Cuántas tarjetas tiene Mary?

Yo calculé la respuesta mentalmente. Inicié
en 224 y conté hacia atrás de uno en uno.

Max indicó su razonamiento en una recta numérica.

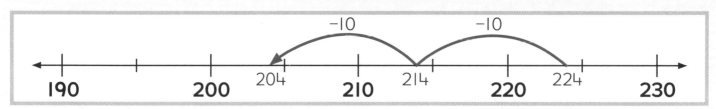

¿Qué pasos sigue él?

¿Por qué la recta numérica inicia en 190 y no en 0?

Utiliza esta recta numérica para calcular 218 – 30. Dibuja saltos para indicar tu razonamiento.

Intensifica

1. Escribe cada diferencia. Dibuja saltos en la recta numérica para indicar tu razonamiento.

a.

251 – 30 = _____

b.

344 – 20 = _____

2. Escribe cada diferencia. Indica tu razonamiento.

a.

$319 - 20 = \boxed{}$

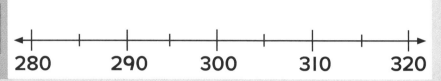

b.

$205 - 30 = \boxed{}$

c.

$425 - 30 = \boxed{}$

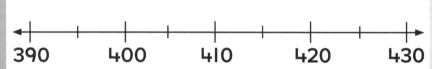

d.

$212 - 20 = \boxed{}$

e.

$304 - 10 = \boxed{}$

f.

$415 - 30 = \boxed{}$

Avanza Escribe los números que faltan a lo largo de este camino.

© ORIGO Education

Conoce

Jessica anotó 285 puntos en un juego de matemáticas. Ella anotó 32 puntos más que su resultado anterior.

¿Cómo podrías calcular el resultado anterior de Jessica?

Ryan calculó la diferencia en una recta numérica.

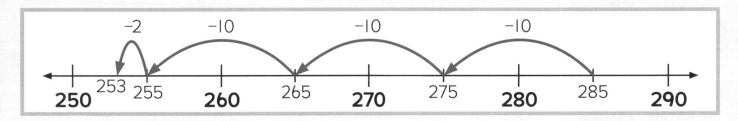

¿Qué pasos siguió él?
¿Cómo podrías calcular la diferencia con menos saltos?

Ricardo tachó bloques como ayuda para calcular la diferencia.

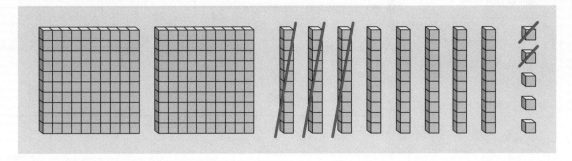

¿Cuántas centenas sobran? ¿Cuántas decenas? ¿Cuántas unidades?

Intensifica

1. Escribe cada diferencia. Dibuja saltos en la recta numérica para calcular la diferencia.

a.

$285 - 23 =$ ⬚

b.

$328 - 16 =$ ⬚

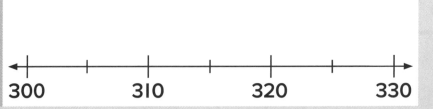

ORIGO Stepping Stones · 2.º grado · 10.2

2. Escribe el número de centenas, decenas y unidades. Puedes tachar bloques como ayuda. Luego escribe la diferencia.

a.

$345 - 13 =$ ☐

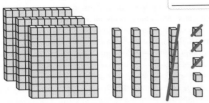

Hay **3** centenas.

Hay **3** decenas.

Hay **2** unidades.

b.

$458 - 25 =$ ☐

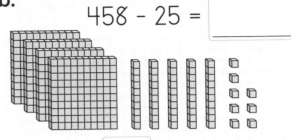

Hay ___ centenas.

Hay ___ decenas.

Hay ___ unidades.

c.

$296 - 31 =$ ☐

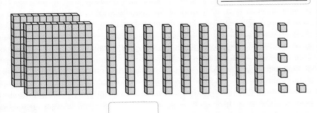

Hay ___ centenas.

Hay ___ decenas.

Hay ___ unidades.

d.

$478 - 23 =$ ☐

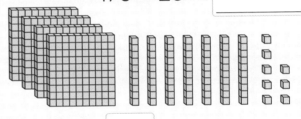

Hay ___ centenas.

Hay ___ decenas.

Hay ___ unidades.

Avanza

Escribe una ecuación que corresponda a esta recta numérica.

☐

−2   −30

163 165   195

Práctica de cálculo

¿Por qué los caballos usan zapatos?

★ Completa cada ecuación. Luego escribe cada letra arriba del total correspondiente en la parte inferior de la página.

20 + 69 = ☐ **p**   65 – 22 = ☐ **i**   75 – 8 = ☐ **u**

39 + 45 = ☐ **í**   28 + 31 = ☐ **n**   48 – 35 = ☐ **c**

87 – 64 = ☐ **r**   56 – 10 = ☐ **o**   61 + 37 = ☐ **a**

34 + 34 = ☐ **v**   25 – 14 = ☐ **q**   55 – 7 = ☐ **t**

18 + 23 = ☐ **s**   42 + 55 = ☐ **e**   95 – 24 = ☐ **l**

25 + 25 = ☐ **g**

Algunas letras se repiten.

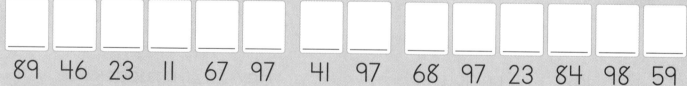

89 46 23 11 67 97 41 97 68 97 23 84 98 59

50 23 98 13 43 46 41 46 41

13 46 59 13 98 71 13 97 48 43 71 97 41

© ORIGO Education

Práctica continua

1. Completa cada ecuación. Indica tu razonamiento.

a.

$47 + 18 =$ ☐

b.

$59 + 28 =$ ☐

2. Escribe cada diferencia. Dibuja saltos en la recta numérica para indicar tu razonamiento.

a.

$132 - 10 =$ ☐

110   120   130   140

b.

$185 - 20 =$ ☐

160   170   180   190

Prepárate para el módulo 11

Indica la posición del número en la recta numérica. Luego escribe los números en que caerías si haces saltos de 10 en 10.

a.

17

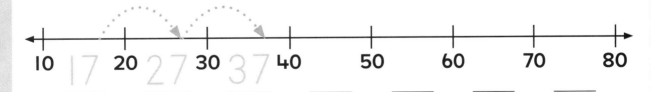

10   17   20   27   30   37   40   50   60   70   80

____ ____ ____ ____

b.

34

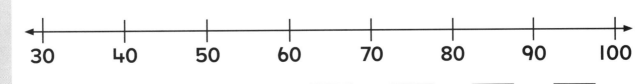

30   40   50   60   70   80   90   100

____ ____ ____ ____

Conoce

En una exhibición de arte en una escuela se recaudaron $389 por la venta de boletos. $155 de ese dinero se gastó en premios. ¿Cuánto dinero sobró?

¿Cómo podrías calcular la cantidad que sobró?

Valentina tachó bloques como ayuda para calcular la diferencia.

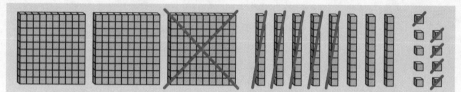

¿Cuántas centenas sobran? ¿Cuántas decenas? ¿Cuántas unidades?

Víctor dibujó una recta numérica para calcularlas.

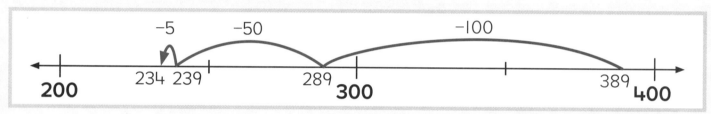

¿Con cuál número inició él? ¿Cómo separó el otro número?

Intensifica

1. Escribe el número de centenas, decenas y unidades. Puedes tachar bloques como ayuda. Luego escribe la diferencia.

a.

$338 - 125 = $ _____

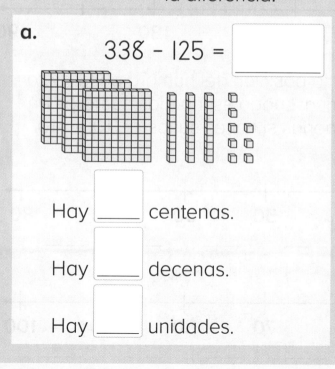

Hay ____ centenas.

Hay ____ decenas.

Hay ____ unidades.

b.

$428 - 212 = $ _____

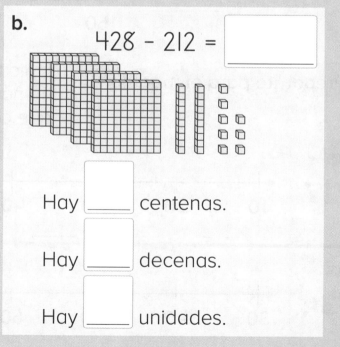

Hay ____ centenas.

Hay ____ decenas.

Hay ____ unidades.

2. Dibuja saltos para indicar cómo calcularías la diferencia.
Luego escribe la diferencia.

a. 485 – 132 = _____

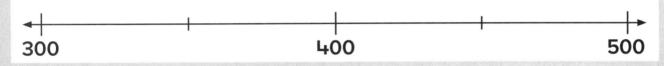

300   400   500

b. 877 – 116 = _____

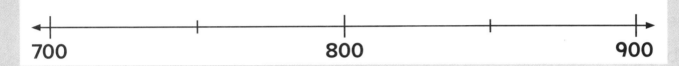

700   800   900

c. 659 – 132 = _____

d. 534 – 114 = _____

Avanza

Escribe una ecuación que corresponda a esta recta numérica.

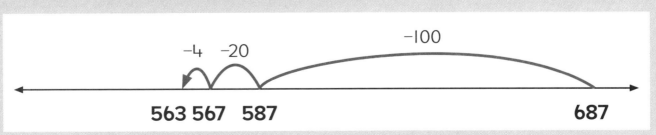

–4   –20   –100

563   567   587   687

Conoce ¿Cómo podrías calcular la diferencia entre estos dos precios?

Charlie tachó bloques como ayuda para calcular la diferencia.

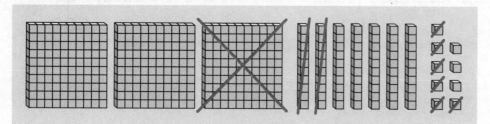

Describe los pasos que siguió Charlie.

Abey utilizó una recta numérica como ayuda para encontrar la diferencia.

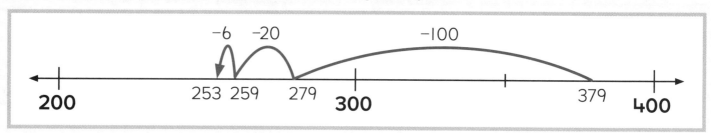

¿Qué pasos siguió ella?

¿Cómo separa ella el número más pequeño en partes para restar más fácilmente?

Intensifica I. Tacha centenas, decenas y unidades para calcular la diferencia. Luego escribe la diferencia.

a.

$287 - 52 =$ ___

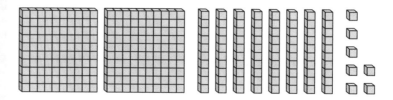

b.

$358 - 135 =$ ___

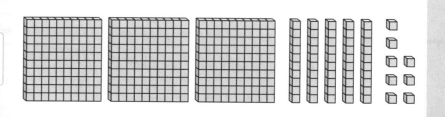

© ORIGO Education

2. Escribe la diferencia. Dibuja saltos en la recta numérica para indicar tu razonamiento.

a. 374 – 63 = _____

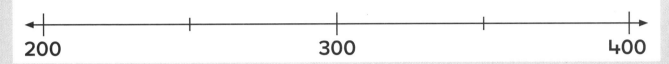

200   300   400

b. 759 – 106 = _____

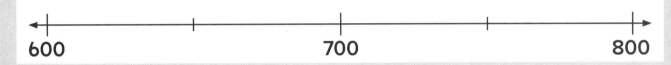

600   700   800

c. 586 – 142 = _____

d. 827 – 110 = _____

Avanza

Cody tenía $279 en el banco. Él utilizó algo de ese dinero para comprar una consola de juegos por $135 y un set de controles por $27.

¿Cuánto dinero le queda a él en el banco? $_____

Piensa y resuelve

Completa este cuadrado mágico.

> En un cuadrado mágico, los tres números en cada fila, columna y diagonal suman el mismo número. Éste es llamado **número mágico**.

El **número mágico** es 18.

5		9
	6	
		7

Palabras en acción

Escribe acerca de ocasiones en que utilizas la resta fuera de la escuela.

_____

_____

_____

_____

_____

_____

_____

_____

_____

_____

I. Escribe el número de centenas, decenas y unidades.
Luego escribe una ecuación para indicar el total.

a. **532 + 26**

Hay 5 centenas.

Hay 5 decenas.

Hay 8 unidades.

b. **245 + 32**

Hay ☐ centenas.

Hay ☐ decenas.

Hay ☐ unidades.

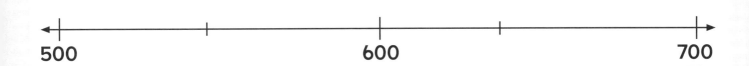

500 + _____ + _____ = _____   _____ + _____ + _____ = _____

2. Dibuja saltos para indicar cómo calcularías la diferencia.
Luego escribe la diferencia.

679 – 154 = _____

500   600   700

¿En qué se parecen estos objetos?

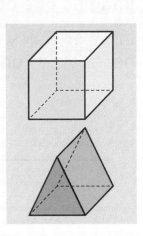

DE 2.9.2

DE 2.10.3

Conoce   Imagina que tienes **$349** en ahorros.
¿Cuál de estos artículos podrías comprar?

$136 $235 $480

¿Cómo podrías calcular cuánto dinero te sobraría?

Thomas escogió la batería. Él calculó $349 – $136 así:

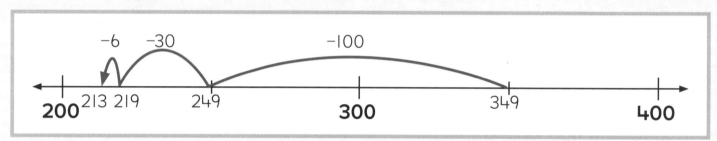

Janice escogió la guitarra. Ella calculó $349 – $235 así:

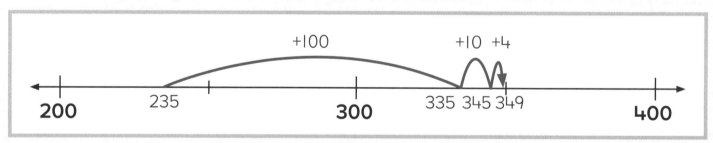

¿Por qué crees que ellos utilizaron estrategias diferentes para cada problema?
¿Cómo se indica la cantidad de dinero que sobra en cada recta numérica?

Imagina que quieres comprar el teclado.

Inicia en 349 y cuenta hacia delante hasta 480 para calcular la cantidad que
necesitarías ahorrar.

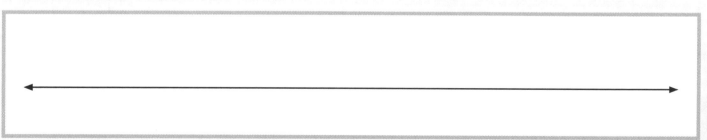

I. Inicia en el número más grande. Cuenta hacia atrás para restar el número más pequeño. Luego escribe la diferencia.

a. 385 – 133 = _____

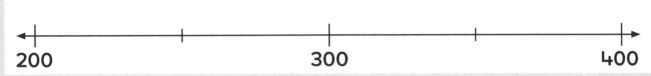

200   300   400

b. 792 – 121 = _____

2. Inicia en el número más pequeño. Cuenta hacia delante hasta el número más grande para calcular la diferencia. Luego escribe la diferencia.

a. 486 – 366 = _____

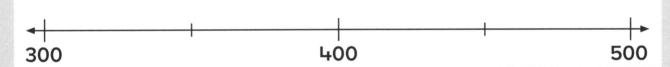

300   400   500

b. 689 – 578 = _____

Avanza

Layla tiene $745 en el banco. Ella compra dos altavoces por $312 cada uno. ¿Cuánto dinero le sobra?

$_____

Espacio de trabajo

Conoce   Observa esta imagen de bloques.

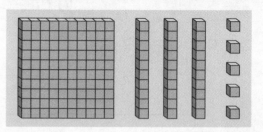

¿Qué número indica?

¿Qué podrías hacer con los bloques para hacer
14 bloques de unidades y mantener el mismo total?

 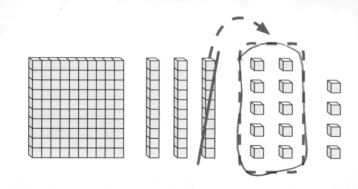

Podría descomponer 1 bloque de decenas en 10 bloques de
unidades. Eso hace 14 bloques de unidades y el total no cambia.

Observa esta imagen de bloques.

¿Qué número indica?

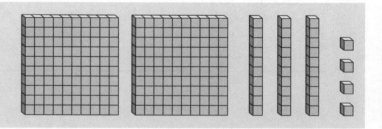

¿Qué podrías hacer con los bloques para hacer
13 bloques de decenas y mantener el mismo total?

¿Cuántos bloques de centenas te sobrarían?

¿Cuántos bloques de unidades habría?

¿Cambia el total?

I. Separa cada número en centenas, decenas y unidades.

a.
425 (es igual a) **4** centenas, **2** decenas y **5** unidades

b.
382 (es igual a) **3** centenas, **0** decenas y **2** unidades

c.
697 (es igual a) **0** centenas, **9** decenas y **7** unidades

2. Completa los números que faltan. Piensa cuidadosamente porque hay muchas respuestas posibles.

a.
265 es igual a | I centenas, **2** decenas y **0** unidades

b.
283 es igual a | I centenas, **2** decenas y **8** unidades

c.
326 es igual a | 2 centenas, **3** decenas y **2** unidades

d.
613 es igual a | 5 centenas, **0** decenas y **1** unidades

e.
437 es igual a | 2 centenas, **4** decenas y **3** unidades

Avanza

Andrew tiene una caja con bloques de centenas, decenas y unidades. Los bloques indican el número 365. ¿Cuántos bloques de centenas, decenas y unidades podría haber en la caja? Indica tres maneras diferentes.

_____ centenas, _____ decenas y _____ unidades.

_____ centenas, _____ decenas y _____ unidades.

_____ centena, _____ decenas y _____ unidades.

Puedes hacer anotaciones en la página 394 como ayuda en tu razonamiento.

Práctica de cálculo

★ Calcula cada una de estas restas y utiliza una regla para trazar una línea recta hasta la diferencia correspondiente. La línea pasará por un número y una letra. Escribe cada letra arriba del número correspondiente en la parte inferior de la página.

Las diferencias se pueden utilizar más de una vez.

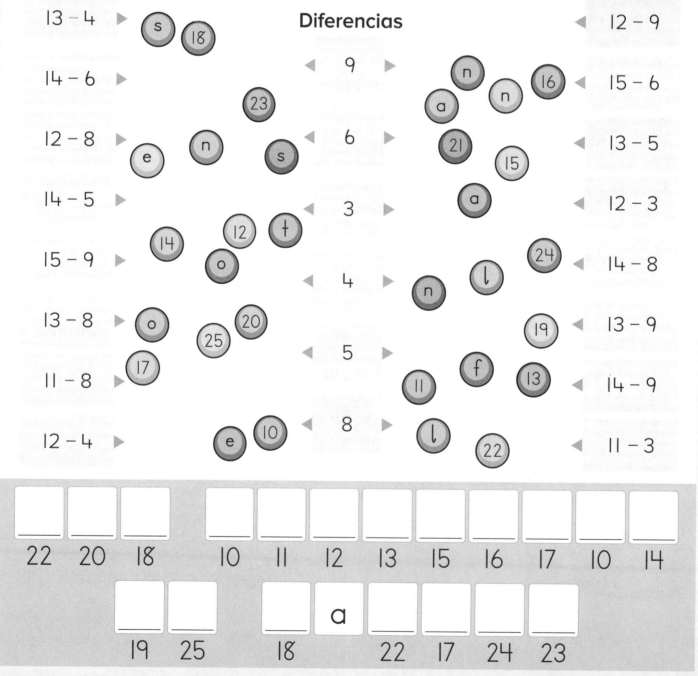

13 − 4 ▶   s   18   **Diferencias**   ◀ 12 − 9

14 − 6 ▶   23   ◀ 9 ▶   n   a   n   16   ◀ 15 − 6

12 − 8 ▶   e   n   s   ◀ 6 ▶   21   15   ◀ 13 − 5

14 − 5 ▶   14   12   t   ◀ 3 ▶   a   ◀ 12 − 3

15 − 9 ▶   o   ◀ 4 ▶   n   l   24   ◀ 14 − 8

13 − 8 ▶   o   25   20   ◀ 5 ▶   19   ◀ 13 − 9

11 − 8 ▶   17   f   13   ◀ 14 − 9

12 − 4 ▶   e   10   ◀ 8 ▶   l   11   22   ◀ 11 − 3

22	20	18		10	11	12	13	15	16	17	10	14

19	25	18	a	22	17	24	23

1. Dibuja saltos para indicar cómo calcularías el total. Luego escribe el total.

$437 + 28 =$ _____

DE 2.9.6

430   440   450   460   470

2. Cuenta hacia atrás para calcular la diferencia. Dibuja saltos para indicar tu razonamiento.

DE 2.10.5

a. $587 - 152 =$ _____

300   400   500   600

b. $485 - 151 =$ _____

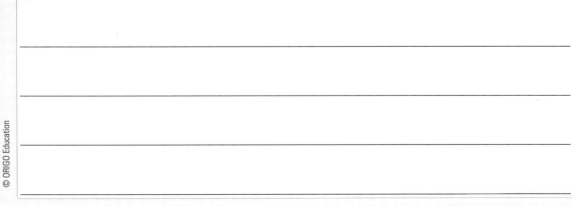

Prepárate para el módulo 11   ¿Qué es igual en estos objetos?

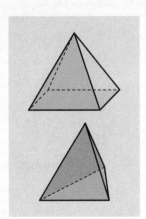

© ORIGO Education

Conoce   Observa esta imagen de bloques.

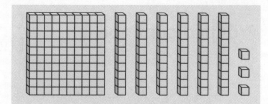

¿Qué número indica?

¿Cómo cambiarías los bloques de manera pudieras quitar 5 bloques de unidades?

Yo necesito más unidades, entonces podría descomponer 1 bloque de decenas en 10 bloques de unidades. Así es fácil quitar las 5 unidades. 163 - 5 = 158.

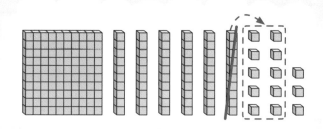

¿Cómo calcularías 163 – 5?

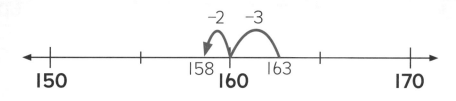

Yo podría imaginar una recta numérica y saltar hacia 3 atrás hasta 160, luego 2 más hasta 158.

Intensifica   **I.**   Utiliza bloques como ayuda para restar. Luego escribe la diferencia.

a.
$$151 - 4 = $$

b.
$$276 - 8 = $$

c.
$$474 - 6 = $$

d.
$$345 - 8 = $$

e.
$$168 - 9 = $$

f.
$$593 - 5 = $$

2. Dibuja saltos para indicar cómo restas. Luego escribe la diferencia.

a.

182 − 5 = ☐

170   180   190

b.

145 − 6 = ☐

130   140   150

c.

261 − 7 = ☐

d.

423 − 9 = ☐

e.

516 − 8 = ☐

Avanza   Escribe los números que faltan a lo largo de cada camino.

a.
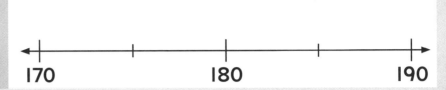

763 → −7 → ☐ → −8 → ☐ → −5 → ☐ → −9 → ☐

b.
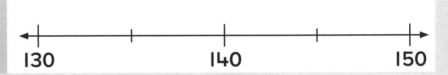

546 → −8 → ☐ → −9 → ☐ → −7 → ☐ → −6 → ☐

Conoce

Nancy tiene $216 en ahorros.

$32

Si ella compra la patineta, ¿cuánto dinero le sobrará?
¿Cómo podrías calcularlo?

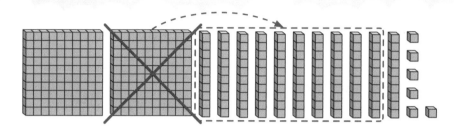

Yo utilizaría bloques para indicar 216. Tendría que descomponer 1 bloque de centenas en 10 bloques de decenas. Así es fácil calcularlo.

Yo podría utilizar una recta numérica para restar, así:

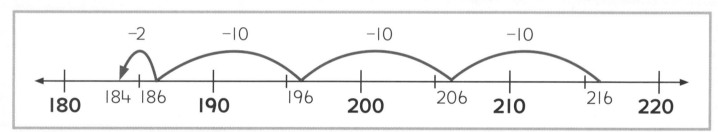

¿Cómo podrías calcular 253 – 26 utilizando bloques?

¿Cómo podrías calcular 253 – 26 utilizando una recta numérica?

Intensifica

1. Utiliza bloques como ayuda para restar. Luego escribe la diferencia.

a.
$245 - 38 =$ _____

b.
$157 - 29 =$ _____

c.
$584 - 36 =$ _____

d.
$423 - 32 =$ _____

e.
$213 - 21 =$ _____

f.
$426 - 34 =$ _____

2. Dibuja saltos para indicar cómo calcular cada una de estas diferencias. Luego escribe la diferencia.

a.

$385 - 27 = $ ☐

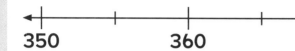

b.

$756 - 28 = $ ☐

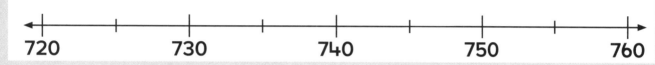

c.

$416 - 23 = $ ☐

Avanza Resuelve el problema utilizando bloques. Luego indica cómo resolverías el mismo problema en la recta numérica.

$235 - 27 = $ ☐

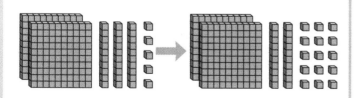

Hay ☐ centenas.

Hay ☐ decenas.

Hay ☐ unidades.

Piensa y resuelve Awan, Cath y Juan midieron sus estaturas.

Awan es 10 cm más alto que Cathy.

Juan es 5 cm más bajo que Cathy.

¿Cuánto más bajo que Awan es Juan?

_____ cm

Palabras en acción   Escribe una ecuación de resta que utilice 328 y 67.

[_____] – [_____] = [_____]

Escribe un problema verbal que corresponda a tu ecuación.
Luego escribe cómo calculaste la respuesta.

_____

_____

_____

_____

_____

_____

_____

_____

© ORIGO Education

1. Utiliza bloques de unidades y de decenas para medir cada lombriz.

a.

_____ centímetros de largo

b.

_____ centímetros de largo

c.

_____ centímetros de largo

2. Dibuja saltos para indicar cómo restas. Luego escribe la diferencia.

a.

$164 - 7 =$ [____]

```
+----+----+----+----+----+
150       160            170
```

b.

$132 - 6 =$ [____]

```
+----+----+----+----+----+
120       130            140
```

Prepárate para el módulo 11

Dibuja una forma que corresponda a cada etiqueta.

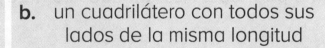

a. un triángulo con todos sus lados de diferente longitud	**b.** un cuadrilátero con todos sus lados de la misma longitud

Conoce

¿Cuál es la diferencia de longitud entre estos reptiles?
¿Cómo podrías calcularla utilizando una recta numérica?

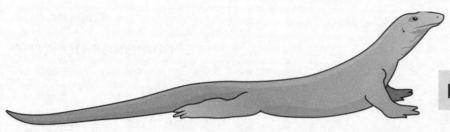

Dragon de Komodo 228 cm

Gecko tokay 33 cm

Teresa indicó su razonamiento así:

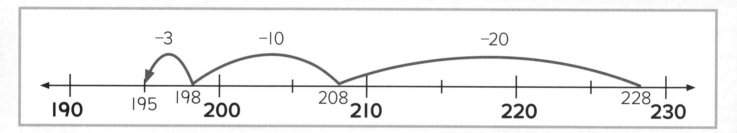

John indicó su razonamiento así:

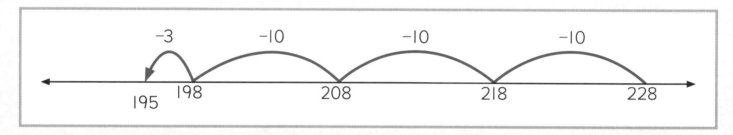

¿Cómo podrías utilizar bloques como ayuda?

Intensifica

I. Trata de imaginar estos saltos. Escribe la diferencia.

a.
$$324 - 20 - 2 = \underline{}$$

b.
$$547 - 20 - 4 = \underline{}$$

c.
$$738 - 30 - 4 = \underline{}$$

d.
$$625 - 20 - 10 = \underline{}$$

© ORIGO Education

2. Observa estas tablas sobre serpientes y sus longitudes.

Serpiente	Longitud (cm)
Boa rosada	105
Serpiente de pinos	266
Serpiente escarlata	32
Serpiente nocturna	27

Serpiente	Longitud (cm)
Serpiente sabanera	21
Pitón	310
Boa de goma	14
Anaconda	320

Trata de calcular estos problemas mentalmente. Puedes utilizar bloques o una recta numérica como ayuda.

a. ¿Cuánto más larga es la Pitón que la boa de goma?

☐ – ☐ = ☐ cm

b. ¿Cuál es la diferencia de longitud entre la serpiente escarlata y la pitón?

☐ – ☐ = ☐ cm

c. ¿Cuánto más larga es la boa rosada que la serpiente sabanera?

☐ – ☐ = ☐ cm

d. ¿Cuánto más corta es la serpiente escarlata que la Anaconda?

☐ – ☐ = ☐ cm

e. ¿Cuál es la diferencia entre las longitudes de la serpiente de pinos y la serpiente nocturna?

☐ – ☐ = ☐ cm

f. ¿Cuánto más larga es la Anaconda que la serpiente sabanera?

☐ – ☐ = ☐ cm

Avanza

Observa las tablas de la pregunta 2. La longitud total de cuatro serpientes es mayor que 400 cm pero menor que 500 cm. ¿A cuáles cuatro serpientes correspondería esta declaración? Hay más de una respuesta posible.

Resta: Números de tres dígitos
(descomposición de decenas y centenas)

Conoce   La familia de Alejandro va a ir de vacaciones.

Si vuelan a sus destinos, los boletos les costarán $526.
Si conducen, la gasolina para el auto les costará $134.

¿Cómo podrías calcular la diferencia entre los costos?

Yo imaginaría una recta numérica y restaría las centenas, luego las decenas y luego las unidades.

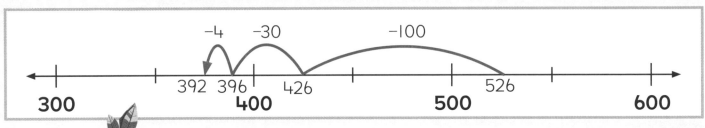

Yo restaría las unidades, luego las decenas y luego las centenas, así:

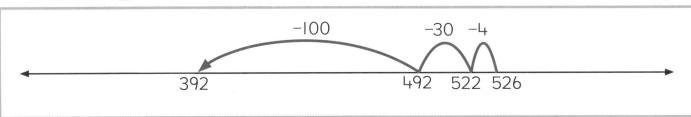

¿Cuál es la diferencia entre los dos métodos?

Intensifica   I.   Utiliza bloques como ayuda para restar. Luego escribe la diferencia.

a.
264 – 127 = ____

b.
432 – 136 = ____

c.
543 – 138 = ____

d.
357 – 118 = ____

e.
228 – 135 = ____

f.
417 – 124 = ____

2. Dibuja saltos para indicar cómo restas. Luego escribe la diferencia.

a.

364 – 119 = _____

|———————|———————|———————|———————|———————|———————→
200   **300**   **400**

b.

592 – 126 = _____

|———————|———————|———————|———————|———————|———————→
400   **500**   **600**

c.

829 – 134 = _____

←——————————————————————————————————————

d.

504 – 132 = _____

←——————————————————————————————————————

Avanza   Oscar midió la estatura de algunos miembros de su familia.

Papá	Abuelo	Oscar	Damon	Riku
182 cm	163 cm	129 cm	112 cm	78 cm

a. ¿Cuál es la diferencia **menor** entre las estaturas? _____ cm

b. ¿A cuáles personas corresponde esa diferencia? _____

¿Cuántos huesos tiene el cuerpo humano?

★   Completa las ecuaciones.
★   Luego colorea todas las partes de abajo que indican diferencias que son un número **par**.

38 − 23 = ☐	65 − 55 = ☐	97 − 84 = ☐
74 − 62 = ☐	39 − 21 = ☐	28 − 17 = ☐
47 − 33 = ☐	57 − 41 = ☐	69 − 52 = ☐
89 − 83 = ☐	55 − 52 = ☐	99 − 91 = ☐
29 − 22 = ☐	82 − 71 = ☐	78 − 74 = ☐

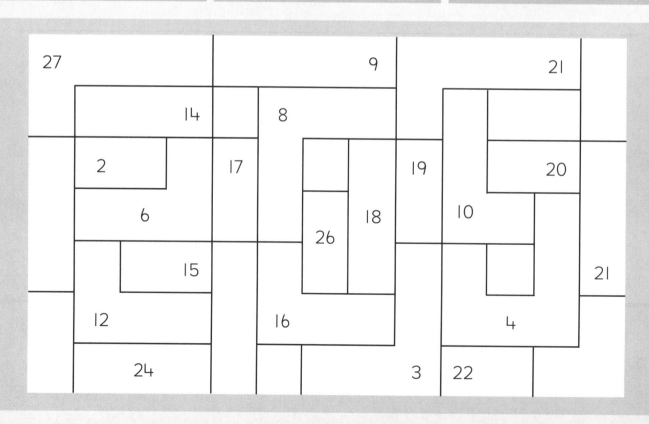

1. Utiliza una regla para medir cada objeto. Escribe la longitud en centímetros.

a.

_____ cm

b.

_____ cm

2. Utiliza la tabla para responder estas preguntas.

Árboles famosos	Altura (ft)
Hyperion	379
General Sherman	275
Matusalén	208
Titán del norte	307

a. ¿Cuánto más alto es el *hyperion* que el Matusalén?

_____ – _____ = _____ ft

b. ¿Cuál es la diferencia de altura entre el titán del norte y el general Sherman?

_____ – _____ = _____ ft

Utiliza el conteo salteado para calcular la cantidad total.

a.

_____ centavos

b.

_____ centavos

Resta: Reforzando los números de tres dígitos (descomposición de decenas y centenas)

Conoce

¿Cuánto más costará la guitarra roja que la azul?

¿Cómo podrías calcularlo?

$123

$108

Si restas, haces un salto muy largo.
123 - 100 - 8 = 15

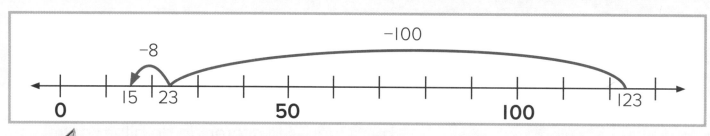

Algunas veces es más fácil contar hacia delante desde el número menor y sumar los saltos. 2 + 10 + 3 = 15

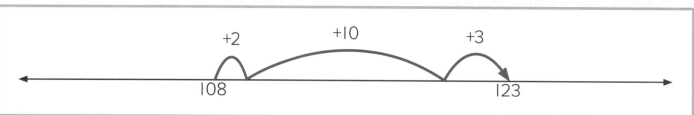

También podrías contar hacia atrás hasta el número menor así. La diferencia es 15.

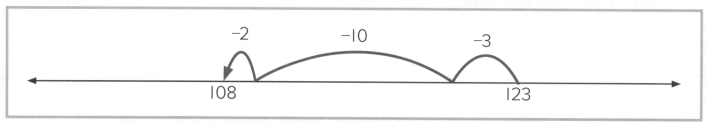

¿Cómo podrías calcular 156 – 128? ¿Por qué?

Calcula cada diferencia. Dibuja saltos para indicar tu razonamiento.

a.

212 – 131 = ☐

```
+----+----+----+----+----+----+--->
0         100        200       300
```

b.

184 – 127 = ☐

```
+----+----+----+----+----+----+--->
0         100        200       300
```

c.

275 – 108 = ☐

```
<----------------------------------
```

d.

232 – 116 = ☐

```
<----------------------------------
```

Escribe los números que faltan a lo largo de este camino.

506 ☐ ☐ ☐ ☐ ☐

   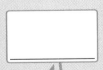

–100   +110   –120   +130   –20

10.12 Resta: Reforzando los números de dos y tres dígitos (descomposición de decenas y centenas)

Conoce

Estos estudiantes calcularon los días que faltaban para cumplir 8 años de edad. Ellos registraron los números en esta tabla.

Estudiante	Número de días
Ruby	165
Nathan	132
Laura	117
Carlos	285

¿Cuántos días menos que Ruby registró Laura?

¿Qué ecuaciones podrías escribir para indicar tu razonamiento?

Iniciaría en 165 y restaría las centenas, decenas y unidades.
$165 - 100 = 65$
$65 - 10 = 55$
$55 - 7 = 48$

O podría contar hacia delante desde 117.
$117 + ③ = 120$
$120 + ㊵ = 160$
$160 + ⑤ = 165$
y $40 + 5 + 3 = 48$

¿Cómo podrías calcular la diferencia con bloques?

¿Cómo podrías calcular la diferencia en una recta numérica?

Intensifica

1. Observa la tabla de arriba. Calcula la diferencia entre el número de días de estos estudiantes. Indica tu razonamiento escribiendo los pasos que seguiste, dibujando rectas numéricas o utilizando bloques.

a. Nathan y Ruby

Diferencia _____

b. Carlos y Nathan

Diferencia _____

2. Calcula cada diferencia. Indica tu razonamiento.

a.
409 – 28 = ____

b.
745 – 117 = ____

c.
832 – 36 = ____

d.
208 – 135 = ____

Avanza

Cada ladrillo indica el total de los dos números directamente debajo. Escribe los números que faltan.

Puedes hacer anotaciones en la página 394 como ayuda en tu razonamiento.

Piensa y resuelve Sigue las flechas y calcula los números que faltan en este patrón.

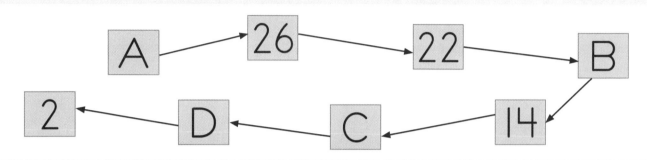

Escribe los números para completar estas ecuaciones.

a. A + B = [ ]

b. A + B + C = [ ]

c. A + B + C – D = [ ]

Palabras en acción   Escribe acerca de la estrategia que utilizarías para resolver este problema.   275 – 189 = ?

© ORIGO Education

1. Algunos estudiantes midieron y registraron qué tan alto podían saltar con sus pies juntos. Esta gráfica de puntos indica sus mediciones.

a. ¿Cuántos estudiantes registraron el salto más alto?

_____ estudiantes

b. ¿Cuál fue el salto más bajo?

_____ cm

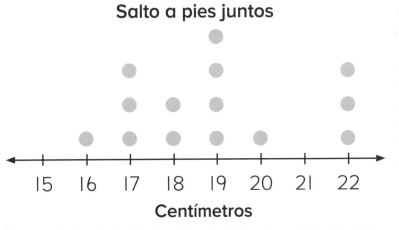

Salto a pies juntos

15 16 17 18 19 20 21 22

Centímetros

DE 2.9.12

2. Calcula la diferencia. Dibuja saltos para indicar tu razonamiento.

DE 2.10.11

a.

$245 - 164 =$ _____

0   100   200   300

b.

$239 - 145 =$ _____

Colorea las monedas que utilizarías para pagar por cada artículo con la cantidad **exacta**.

a.

41¢

b.

36¢

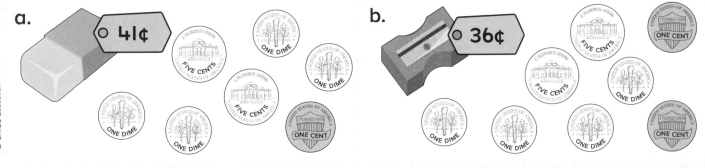

© ORIGO Education

Multiplicación: Sumando saltos de dos en dos y de cinco en cinco

Conoce Imagina que inicias en 0 y das saltos de 2 en 2 a lo largo de esta recta numérica.

¿En qué números caerías? ¿Cómo lo sabes?

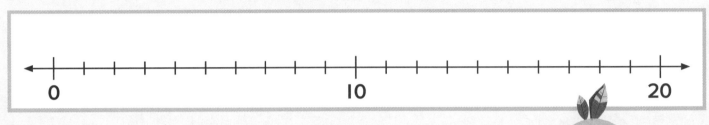

¿Cuántos saltos harás para llegar hasta el 10?

5 saltos de 2 son 10.

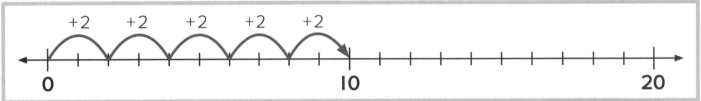

¿Qué ecuación podrías escribir que corresponda a los saltos que diste?

$2 + 2 + 2 + 2 + 2 = 10$

Intensifica **1.** Completa cada enunciado. Utiliza la recta numérica de arriba como ayuda.

a.
4 saltos de **2** son ☐

☐ + ☐ + ☐ + ☐ = ☐

b.
3 saltos de **2** son ☐

☐ + ☐ + ☐ = ☐

c.
7 saltos de **2** son ☐

☐ + ☐ + ☐ + ☐ + ☐ + ☐ + ☐ = ☐

© ORIGO Education

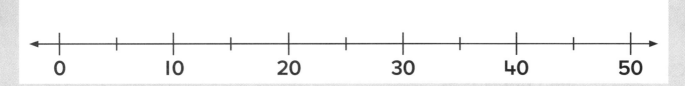

0   10   20   30   40   50

2. Completa estos enunciados. Utiliza la recta numérica de arriba como ayuda.

a.
3 saltos de 5 son ☐

☐ + ☐ + ☐ = ☐

b.
4 saltos de 5 son ☐

☐ + ☐ + ☐ + ☐ = ☐

c.
6 saltos de 5 son ☐

☐ + ☐ + ☐ + ☐ + ☐ + ☐ = ☐

d.
8 saltos de 5 son ☐

☐ + ☐ + ☐ + ☐ + ☐ + ☐ + ☐ + ☐ = ☐

Avanza   **a.**   Escribe los números que faltan.

$2 + 2 + 2 + 2 + 2 =$ _10_   •   ____ saltos de ____ son _____

$5 + 5 =$ _10_   •   ____ saltos de ____ son _____

b.   Escribe lo que notas.

_____

_____

_____

Conoce

Observa estas bolsas con manzanas.

¿Qué notas?

¿Cuántas bolsas hay?
¿Cuántas manzanas hay en cada bolsa?

¿Cómo podrías calcular el número total de manzanas sin contar cada manzana?

Podrías contar de 4 en 4. Eso es 4, 8, 12. 3 bolsas de 4 manzanas son 12 manzanas.

¿Cómo podrías organizar estas manzanas en otros grupos iguales?

Podrías hacer 2 bolsas de 6 manzanas.

Intensifica

I. Escribe números para describir grupos iguales.

a.

☐ bolsas de ☐ son ☐

b.

☐ cajas de ☐ son ☐

c.

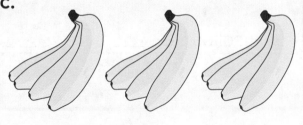

☐ racimos de ☐ son ☐

d.

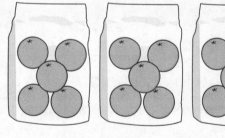

☐ bolsas de ☐ son ☐

2. Dibuja las imágenes correspondientes. Luego escribe el total.

a.
3 bolsas de **2** manzanas son ☐

b.
2 pilas de **5** bloques son ☐

c.
I grupo de **4** personas son ☐

d.
5 frascos de **5** conchas son ☐

Avanza

Organiza estas cajas en grupos iguales. Completa el enunciado. Haz un dibujo para indicar tu razonamiento.

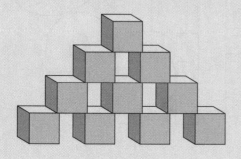

☐ grupos de ☐ son ☐

Práctica de cálculo   ¿Qué timbra pero nunca nadie abre la puerta?

★ Completa las ecuaciones.
★ Luego colorea las letras que indican las diferencias en el rompecabezas de abajo. La respuesta está en inglés.

65 – 36 = ☐

49 – 31 = ☐

85 – 46 = ☐

97 – 64 = ☐

58 – 42 = ☐

98 – 22 = ☐

56 – 21 = ☐

75 – 19 = ☐

39 – 17 = ☐

95 – 68 = ☐

Práctica continua

1. Escribe **P** dentro de cada polígono. Luego escribe el número de lados.

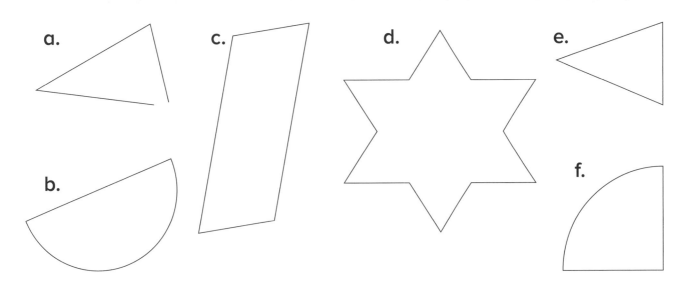

a.

b.

c.

d.

e.

f.

2. Escribe números para describir grupos iguales.

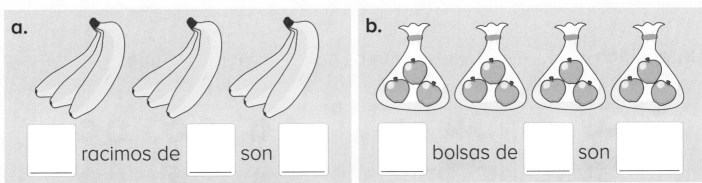

a. [ ] racimos de [ ] son [ ]

b. [ ] bolsas de [ ] son [ ]

Prepárate para el módulo 12

Colorea una parte de cada tira de rojo. Luego escribe la fracción que está en rojo.

a.

b.

c.

Conoce   Observa estos frascos con canicas.

¿Cuántos frascos ves? ¿Cuántas canicas hay en cada frasco?
¿Cómo podrías calcular el número total de canicas?

**¿Qué ecuación podrías escribir
para indicar tu razonamiento?**

Imagina que hay cuatro canicas en cada frasco.
¿Cuál sería el número total de canicas? ¿Cómo lo sabes?

Intensifica   1.   Escribe los números para describir los grupos iguales.

a.

[ ] grupos de [ ] son [ ]

b.

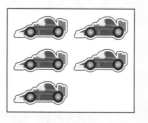

[ ] grupos de [ ] son [ ]

c.

[ ] grupos de [ ] son [ ]

d.

[ ] grupos de [ ] son [ ]

2. Escribe los números para describir los grupos iguales.
Luego escribe la ecuación correspondiente.

a.

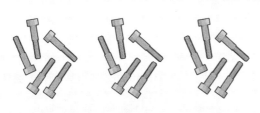

☐ grupos de ☐ son ☐

☐ + ☐ + ☐ = ☐

b.

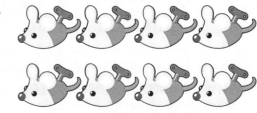

☐ filas de ☐ son ☐

☐ + ☐ = ☐

c.

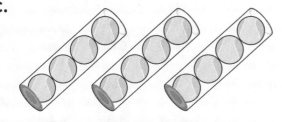

☐ tubos de ☐ son ☐

☐ + ☐ + ☐ = ☐

d.

☐ pilas de ☐ son ☐

☐ + ☐ + ☐ + ☐ = ☐

Avanza

Escribe el total. Luego dibuja una imagen que corresponda a la ecuación.

8 + 8 + 8 = ☐

Conoce

¿En qué lugares podrías ver cosas organizadas en filas?

A un conjunto de elementos ordenados en filas con el mismo número de elementos en cada fila se le llama **matriz**.

Observa esta matriz de insectos.

¿Cuántas filas de insectos hay?
¿Cuántos insectos hay en cada fila?

¿Qué historia numérica podrías contar que corresponda a la matriz?

> Una **fila** va a lo largo y una **columna** va de arriba abajo. Traza una línea a lo largo de cada fila en esta imagen.

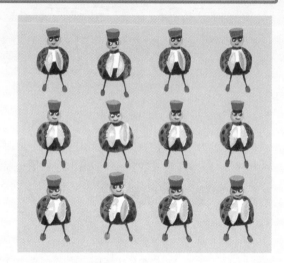

Los insectos están marchando en 3 filas. Hay 4 insectos en cada fila.

Imagina que otra fila de cuatro insectos se unió a la banda.

¿Cuántas filas habrá? ¿Cuántos insectos habrá en cada fila?
¿Cuántos insectos habrá en total? ¿Cómo lo sabes?

Intensifica

I. Escribe números para describir cada matriz. Traza una línea a lo largo de cada fila como ayuda.

a.

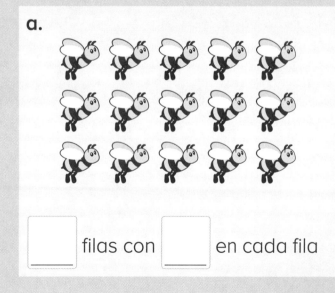

____ filas con ____ en cada fila

b.

____ filas con ____ en cada fila

2. Escribe los números que faltan.

a.

☐ filas   ☐ en cada fila

b.

☐ filas   ☐ en cada fila

c.

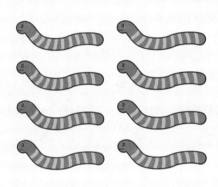

☐ filas   ☐ en cada fila

d.

☐ filas   ☐ en cada fila

Avanza   Dibuja la matriz que corresponda a cada historia.
Luego encierra la matriz que tiene más manzanas.

a. Las manzanas están colocadas en filas de 5. Hay 3 filas.

b. Las manzanas están colocadas en filas de 4. Hay 4 filas.

Piensa y resuelve

Imagina que lanzas dos saquitos con frijoles a cada blanco. Suma los números mentalmente.

a. Escribe el total mayor y menor posible.

mayor

menor

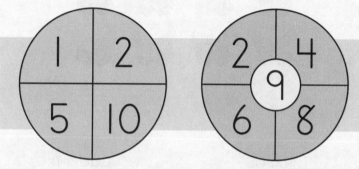

b. Escribe una ecuación para indicar una manera en que puedas obtener **un total de 30**.

☐ + ☐ + ☐ + ☐ = 30

c. Escribe una ecuación para indicar **una manera más** en que puedas obtener un total de 30.

☐ + ☐ + ☐ + ☐ = 30

Palabras en acción

Imagina que un estudiante está ausente cuando estás aprendiendo acerca de las matrices. Escribe cómo le describirías una matriz.

_____

_____

_____

_____

_____

_____

Práctica continua

I. Dibuja estas figuras.

a. un pentágono con tres lados de la misma longitud	**b.** un cuadrilátero con dos lados de la misma longitud

2. Escribe números para describir cada matriz.

a.

b.

[ ] filas con [ ] en cada fila

[ ] filas con [ ] en cada fila

Prepárate para el módulo 12

Colorea una parte de cada figura de rojo. Luego encierra la fracción que describe la parte coloreada.

a.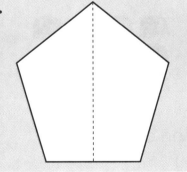

b.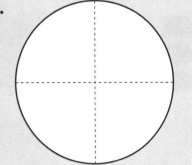

c.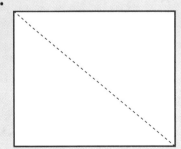

un medio un cuarto	un medio un cuarto	un medio un cuarto

Conoce   Observa estos insectos.

¿Cómo se le llama a este tipo de organización?

¿Cuántas filas hay?
¿Cuántos insectos hay en cada fila?

¿Como podrías calcular el número total de insectos?

¿Qué historia numérica y ecuación podrías escribir?

Hay 4 filas con 5 insectos en cada fila.
Eso es 5 + 5 + 5 + 5 = 20.

Intensifica   I.   Encierra cada fila de insectos. Escribe los números que faltan.

a.

 filas

5 insectos en cada fila

☐ + ☐ + ☐ = ☐

b.

☐ filas

☐ insectos en cada fila

☐ + ☐ = ☐

c.

☐ filas

☐ insectos en cada fila

☐ + ☐ + ☐ = ☐

d.

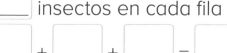

☐ filas

☐ insectos en cada fila

☐ + ☐ + ☐ = ☐

2. Escribe una historia que corresponda a cada imagen.

a.

_____

_____

b.

_____

_____

c.

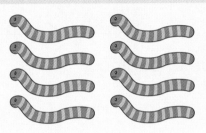

_____

_____

d.

_____

_____

Avanza   Dibuja una matriz de lombrices que tenga 5 filas. Luego escribe una historia **y** una ecuación correspondiente.

Conoce ¿Qué sabes acerca de los objetos 3D?

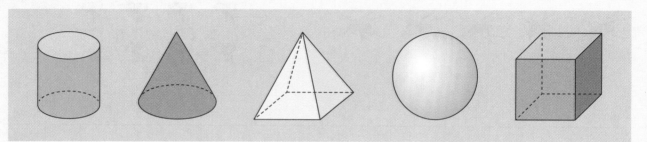

Todos los objetos 3D tienen superficies.
Algunos objetos tienen una superficie plana.
A una superficie plana se le llama **cara**.

Un objeto 3D con todas sus caras planas
es un **poliedro**.

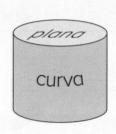
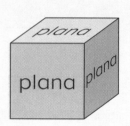

Observa los objetos 3D en la parte superior de la página.
¿Cuáles objetos son poliedros? ¿Cómo lo sabes?

Intensifica

I. A Dixon se le pidió que coloreara de rojo **una cara**
de cada uno de estos objetos. Colorea un ⬭ para
describir su respuesta.

a.

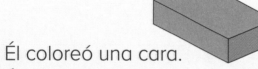

○ Él coloreó una cara.
○ Él no coloreó una cara.

b.

○ Él coloreó una cara.
○ Él no coloreó una cara.

c.

○ Él coloreó una cara.
○ Él no coloreó una cara.

d.

○ Él coloreó una cara.
○ Él no coloreó una cara.

e.

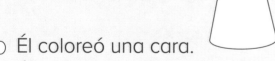

○ Él coloreó una cara.
○ Él no coloreó una cara.

f.

○ Él coloreó una cara.
○ Él no coloreó una cara.

2. Encierra los poliedros.

a.
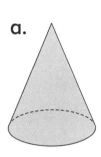

b.
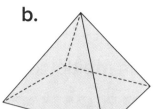

c.
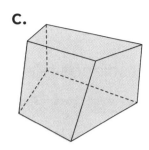

d.
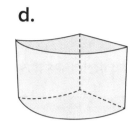

e.
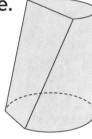

f.
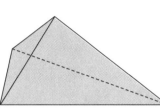

g.

h.
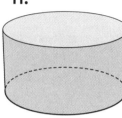

i.
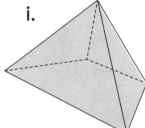

j.
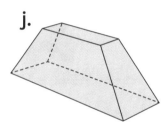

k.
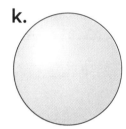

l.
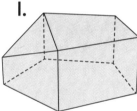

| Avanza | Escribe acerca de dónde podrías ver poliedros en tu escuela. |

_____

_____

_____

_____

_____

Práctica de cálculo

★ Completa estas operaciones básicas tan rápido como puedas.

inicio

$14 - 7 = \boxed{}$ $11 - 3 = \boxed{}$ $12 - 6 = \boxed{}$

$15 - 1 = \boxed{}$ $13 - 2 = \boxed{}$ $8 - 4 = \boxed{}$

$10 - 6 = \boxed{}$ $14 - 1 = \boxed{}$ $12 - 3 = \boxed{}$

$2 - 2 = \boxed{}$ $8 - 1 = \boxed{}$ $17 - 9 = \boxed{}$

$12 - 5 = \boxed{}$ $14 - 5 = \boxed{}$ $12 - 4 = \boxed{}$

$11 - 1 = \boxed{}$ $6 - 3 = \boxed{}$ $15 - 5 = \boxed{}$

$18 - 9 = \boxed{}$ $12 - 1 = \boxed{}$ meta

I. Escribe el número correspondiente.
Indica tu razonamiento.

a. 1 centena, 12 decenas y 5 unidades

es el mismo valor que

b. 2 centenas, 5 decenas y 19 unidades

es el mismo valor que

DE 2.9.4

2. Escribe la historia numérica que corresponda a cada imagen.

a.

b.

DE 2.11.5

_____

_____

_____

_____

_____

_____

Traza líneas en cada figura para indicar
4 partes iguales. Luego colorea **un cuarto**.

a.

b.

c.

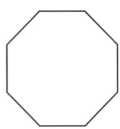

| Conoce | ¿Qué sabes acerca de las pirámides? |

Una pirámide tiene muchas caras triangulares que se unen en un punto. Todas las caras triangulares están unidas a una misma cara.

| No todos los objetos con caras triangulares son pirámides. | Algunas veces las pirámides tienen como base una cara triangular. | Algunas pirámides pueden ser un poco raras. |

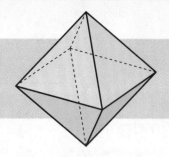 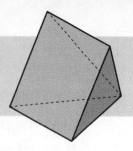 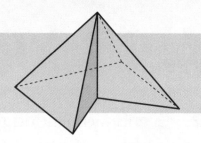

¿En dónde podrías ver pirámides?

| Intensifica | 1. Observa cada objeto. Cuenta el número de caras triangulares y escribe el total. |

a.
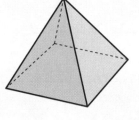

b.
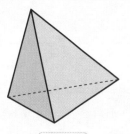

c.
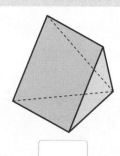

d.
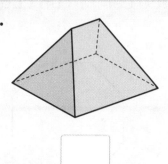

e.
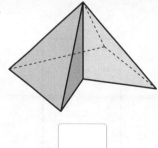

f.
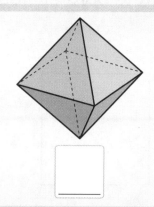

2. Encierra las pirámides.

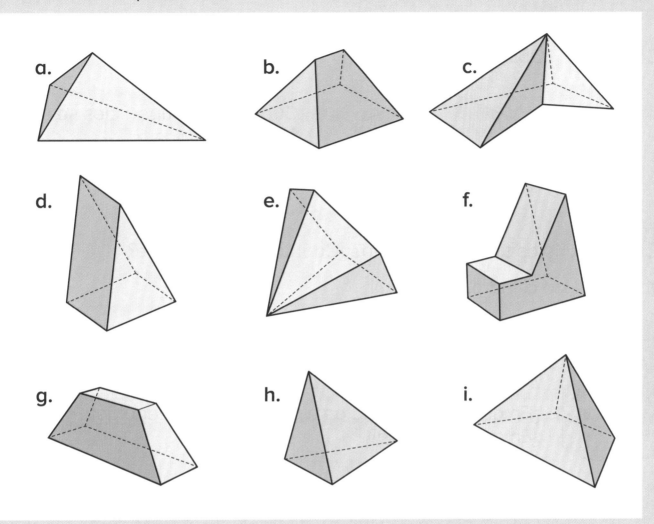

a.

b.

c.

d.

e.

f.

g.

h.

i.

Avanza

Las pirámides escalonadas son edificios creados con capas de piedra. No tienen caras triangulares lisas como las pirámides de arriba, porque las caras son en realidad escalones.

¿Cuántos bloques se han utilizado en la pirámide escalonada de abajo? Asegúrate de contar también los bloques que están ocultos.

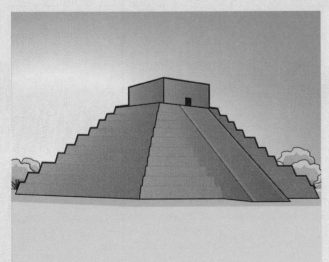

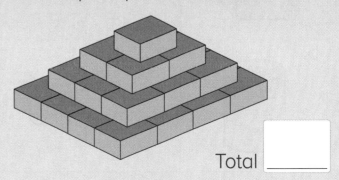

Total _____

Conoce

Observa este objeto.

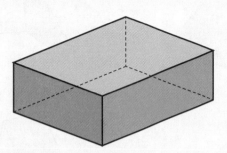

Cuando dos superficies se unen, forman una arista.

Cuando tres o más aristas se unen, forman un vértice.

¿Cuántas aristas tiene este objeto? ¿Cuántos vértices tiene?

Observa este cilindro.

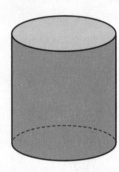

¿Cuántas aristas tiene este cilindro? ¿Cómo lo sabes?

¿Cuántos vértices tiene? ¿Cómo lo sabes?

¿En qué se diferencia este cilindro del primer objeto? ¿En qué se parece?

Intensifica

I. Completa la tabla. Utiliza objetos reales como ayuda para contar los vértices, aristas y caras.

Objeto	Vértices	Aristas rectas	Aristas curvas	Caras planas	Superficies curvas
a.	8				
b.	0				

2. Completa esta tabla.

Objeto	Vértices	Aristas rectas	Aristas curvas	Superficies planas	Superficies curvas
a. 					
b.	8				
c.					

Avanza	Imagina que rebanaste una esquina de un cubo. Completa esta tabla.

	Trozo grande	Trozo pequeño
Número de aristas		
Número de vértices		
Número de caras		

Piensa y resuelve

Utiliza las figuras para dibujar una imagen que cueste $30.

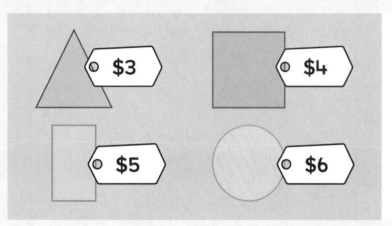

Palabras en acción

Escribe la respuesta a cada pista en la cuadrícula. Utiliza las palabras en **inglés** de la lista.

Pistas horizontales	Pistas verticales
1. Una pirámide tiene tres o más caras triangulares que se unen en un __.	**2.** Cuando __ o más aristas se unen hacen un vértice.
3. A una superficie plana de un objeto 3D se le llama __.	**3.** Un poliedro es un objeto 3D con todas sus caras __ .
5. Una __ tiene el mismo número de objetos en cada fila.	**4.** Cuando dos superficies se unen forman una __.
6. Tres bolsas de tres peras son __ peras.	

face _cara_	array _matriz_
edge _arista_	**flat** _planas_
nine _nueve_	**point** _punto_
three _tres_	

Práctica continua

1. Indica la posición de cada número. Puedes separar la recta numérica en más partes como ayuda en tu razonamiento.

a. **45**

0   100

b. **63**

0   100

2. Encierra los objetos que **no** son pirámides.

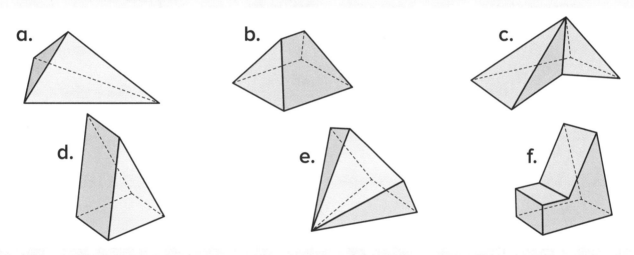

a.   b.   c.

d.   e.   f.

Prepárate para el módulo 12

Encierra las figuras que indican un cuarto en morado.

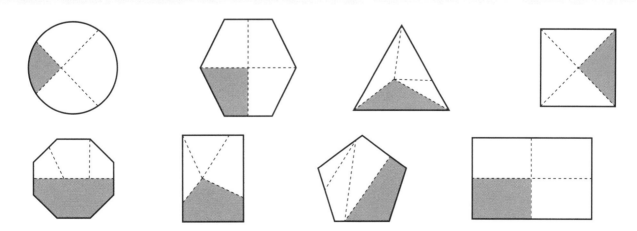

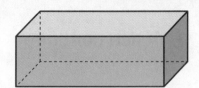

Conoce Imagina que tienes que dibujar esta caja.

¿Piensas que sería fácil o difícil? ¿Por qué?

Prueba este método para dibujar cajas.

a.	Dibuja un rectángulo no cuadrado.	
b.	Hacia arriba y a un lado del primer rectángulo no cuadrado, dibuja otro del mismo tamaño.	
c.	Conecta los vértices correspondientes (tal como izquierda de arriba a izquierda de arriba).	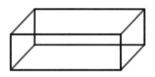

Intensifica

1. Utiliza el método de arriba para copiar estos dibujos. La cara más cercana a ti es la azul.

a.

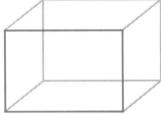

b.

2. Utiliza el mismo método para dibujar cuatro cajas que te dará tu profesor. Piensa con cuidado cuál cara dibujarás primero.

a.

b.

c.

d.

Avanza

Copia esta imagen utilizando el mismo método de dibujo.

Conoce Observa estas monedas.

¿Cuál es el nombre de cada moneda?
¿Cuál es el valor de cada moneda?

Algunas veces estos tipos de monedas muestran imágenes diferentes.
¿Por qué muestran imágenes diferentes? ¿Qué otras imágenes has visto?

¿Qué se indica a la derecha?

¿Cuál es el valor en dólares?

¿Cuál es el valor en centavos?

¿Cuántos *dimes* podrías intercambiar por un dólar?

¿Cómo lo sabes?

¿Cuántos *nickels* podrías intercambiar por un dólar?

Intensifica I. Escribe los números que faltan.

a.

4 *dimes* son _____¢

2 *nickels* son _____¢

3 *pennies* son _____¢

El total es _____¢

b.

2 *quarters* son _____¢

3 *dimes* son _____¢

I *nickel* son _____¢

El total es _____¢

2. Encierra juntas las monedas que equivalen a un dólar.
Luego escribe la cantidad total.

a.

$____ y _____¢

b.

$____ y _____¢

3. Lee la historia. Escribe los números que faltan.

Gavin tenía 4 *quarters*, 2 *dimes* y 3 *nickels* en su billetera.

Él tenía [ ] dólar y [ ] centavos.

Gavin le dio un *dime* a su hermana. Luego él encontró un *quarter* en la acera.

Ahora Gavin tiene [ ] dólar y [ ] centavos.

Avanza

Peta tiene 4 monedas en su bolsillo. El total es mayor que 40 centavos pero menor que 60 centavos. Dibuja dos imágenes diferentes para indicar las monedas que ella podría tener en su bolsillo.

1¢

5¢

10¢

25¢

Práctica de cálculo ¿Qué comen las libélulas?

★ Completa las ecuaciones. Luego escribe cada letra arriba de la respuesta correspondiente en la parte inferior de la página.

65 – 19 = ☐ **a**   57 – 36 = ☐ **é**   25 + 25 = ☐ **s**

96 – 45 = ☐ **n**   72 – 35 = ☐ **b**   58 + 13 = ☐ **l**

34 + 34 = ☐ **o**   35 – 18 = ☐ **e**   74 – 52 = ☐ **u**

32 + 32 = ☐ **c**   85 – 49 = ☐ **m**   49 + 23 = ☐ **t**

62 + 26 = ☐ **i**   75 – 28 = ☐ **q**   87 – 32 = ☐ **m**

Algunas letras se repiten.

☐	☐	☐		☐	☐	☐	☐	☐	☐	☐	☐	☐
71	46	50		71	88	37	21	71	22	71	46	50

☐	☐	☐	☐	☐
64	68	36	17	51

☐	☐	☐	☐	☐	☐	☐	☐	☐
55	68	50	47	22	88	72	68	50

Práctica continua

1. Dibuja saltos para indicar cómo calcularías estas ecuaciones. Luego escribe las diferencias.

a.

$475 - 127 =$ _____

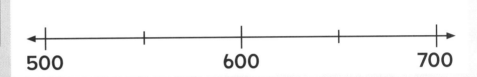

|———|———|———|———|———|
300   400   500

b.

$651 - 135 =$ _____

|———|———|———|———|———|
500   600   700

2. Encierra juntas las monedas que equivalen a un dólar. Luego escribe la cantidad total.

a.

$_____ y _____¢

b

$_____ y _____¢

Prepárate para el módulo 12

Escribe el número de cubos. Luego colorea el ○ junto a las palabras que mejor describan el peso del juguete.

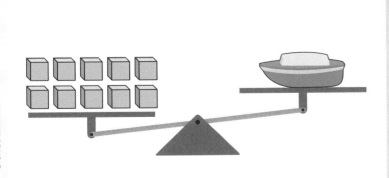

○ más de _____ cubos

○ menos de _____ cubos

○ el mismo que _____ cubos

Conoce Observa las monedas y las frutas abajo.

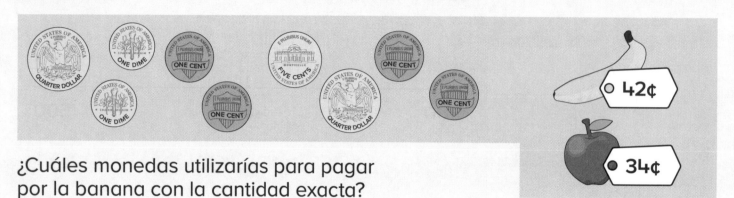

¿Cuáles monedas utilizarías para pagar
por la banana con la cantidad exacta?

¿Cuáles monedas podrías utilizar para pagar por la banana y recibir vuelto?

¿Cuáles monedas utilizarías para pagar por la manzana? ¿Por qué?

Imagina que tienes estos billetes.

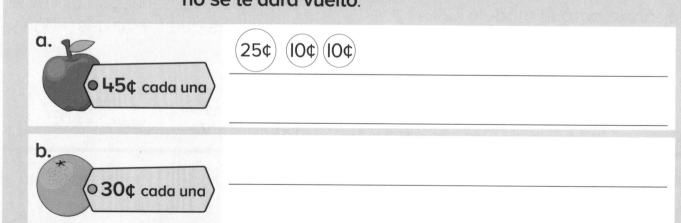

¿Tendrías más de o menos de $30?

¿Cómo lo calculaste?

Intensifica

1. Escribe o dibuja dos maneras diferentes de pagar por cada fruta utilizando *nickels*, *dimes* y *quarters*. Utiliza cantidades exactas porque **no se te dará vuelto**.   5¢ 10¢ 25¢

a.
45¢ cada una   25¢ 10¢ 10¢

_____

b.
30¢ cada una

_____

_____

2. Utiliza marcas de conteo para indicar dos maneras diferentes de pagar por cada artículo. Utiliza cantidades exactas porque **no se te dará vuelto**.

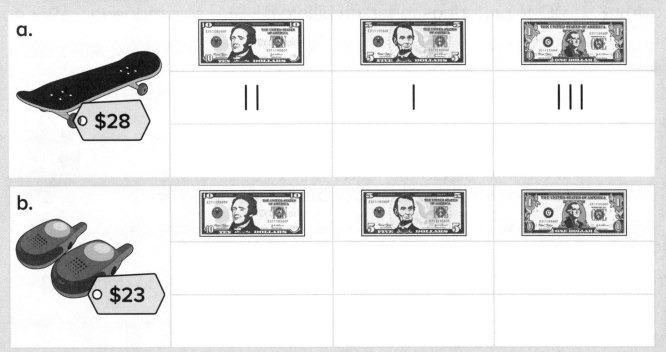

3. Utiliza marcas de conteo para indicar cómo pagar por cada artículo. Utiliza cantidades por las que te den pocos dólares de vuelto.

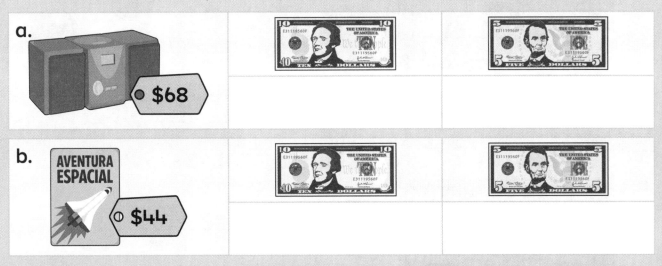

Avanza

Sheree tiene un dólar, un *quarter*, tres *dimes* y dos *nickels*.

a. Si ella intercambiara todo el dinero por *pennies*, ¿cuántos *pennies* tendría?

b. Si ella intercambiara todo el dinero por *nickels*, ¿cuántos *nickels* tendría?

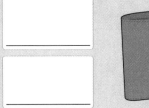
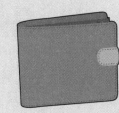

Conoce   ¿Qué preferirías tener, un billete de $1 o seis monedas? ¿Por qué?

Si las monedas no valen mucho, yo preferiría tener el billete de un dólar.

Si algunas de las monedas fueran quarters, el total de las monedas podría ser más de un dólar.

Imagina que solo podrías tener tres monedas de una clase y tres de otra.

¿Preferirías tener esas monedas o un billete de $1? ¿Cómo lo decidiste?

Intensifica   1.   Escribe el total.

a.

El total es $____ y ____¢.

b.

El total es $____ y ____¢.

2. Resuelve cada problema. Indica tu razonamiento.

a. David tenía dos billetes de $1 y 3 *quarters* en su billetera. Luego encontró otros 2 *quarters* en su bolsillo. ¿Cuánto dinero tiene él en total ahora?

$_____ y _____¢

b. Daniela tiene 74 centavos y Felipe tiene 2 *dimes*, un *quarter* y un *nickel*. Si ellos combinan su dinero, ¿cuánto tendrán en total?

$_____ y _____¢

c. Stella tenía algo de dinero en su alcancía. Ella le echó 5 *dimes* y 3 *nickels*. Ahora ella tiene $2 y 80 centavos. ¿Cuánto dinero había en la alcancía antes?

$_____ y _____¢

d. William tiene 5 *quarters* menos que Nicole. William tiene 6 *quarters*. ¿Cuánto dinero tiene Nicole?

$_____ y _____¢

Avanza

Sumi tiene un billete de $1 y 2 monedas en su bolsillo.

a. ¿Cuál podría ser la mayor cantidad en su bolsillo?

_____

b. ¿Cuál podría ser la menor cantidad?

_____

Piensa y resuelve Las figuras iguales pesan lo mismo. Escribe el valor que falta dentro de cada figura.

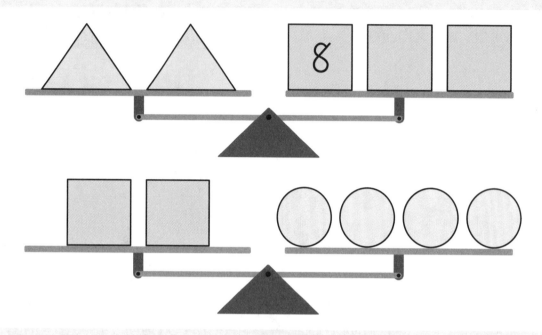

Palabras en acción Escribe con palabras cómo resolverías este problema.

Ethan tiene un billete y 5 monedas, cada una menor que 50 centavos.
¿Cuál es la mayor cantidad de dinero que él podría tener?
¿Cuál es la menor cantidad de dinero que él podría tener?

I. Calcula cada diferencia. Indica tu razonamiento.

a.
$$307 - 24 = \boxed{}$$

b.
$$246 - 135 = \boxed{}$$

2. Utiliza marcas de conteo para indicar una manera de pagar por el artículo. Utiliza la cantidad exacta porque **no se te dará vuelto**.

Prepárate para el módulo 12

Escribe el número de vasos de medicamento que llenan cada recipiente.

Recipiente	Número de vasos de medicamento	
a.		_____ vasos
b.		_____ vasos
c.		_____ vasos

◆432

Conoce Observa esta imagen de frutas.

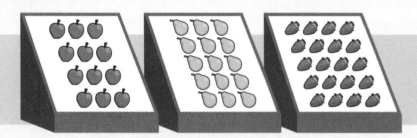

¿Cuáles frutas podrías repartir equitativamente entre los tres osos sin contarlas? ¿Cómo lo sabes?

¿Cuántas manzanas recibirá cada oso? ¿Cómo lo sabes?
¿Cuántas peras recibirá cada oso? ¿Cómo lo sabes?

¿Cuáles frutas no se pueden repartir equitativamente entre tres?
¿Cuántas sobrarán?

Intensifica

I. Tu profesor te dará un tapete de repartir. Utiliza bloques sobre el tapete para calcular cada repartición. Luego completa el enunciado.

a. Hay 12 🍎 en total.

Hay 3 bolsas.

Hay _____ 🍎 en cada bolsa.

b. Hay 18 🍐 en total.

Hay 3 platos.

Hay _____ 🍐 en cada plato.

c. Hay 30 🍓 en total.

Hay 3 tazones.

Hay _____ 🍓 en cada tazón.

d. Hay 24 🍌 en total.

Hay 3 racimos.

Hay _____ 🍌 en cada racimo.

e. Hay 24 🍊 en total.

Hay 4 paquetes.

Hay _____ 🍊 en cada paquete.

f. Hay 28 🫐 en total.

Hay 4 tazones.

Hay _____ 🫐 en cada tazón.

2. Completa cada uno de estos enunciados.

a. Hay 20 🍒 en total.

Hay 4 platos.

Hay _____ 🍒 en cada plato.

b. Hay 16 🫐 en total.

Hay 4 tazones.

Hay _____ 🫐 en cada tazón.

c. Hay 32 🫐 en total.

Hay 4 latas.

Hay _____ 🫐 en cada lata.

d. Hay 4 🍊 en total.

Hay 4 tazones.

Hay _____ 🍊 en cada tazón.

3. Escribe el número en cada grupo.

a.

| PELOTAS DE GOLF | PELOTAS DE GOLF | PELOTAS DE GOLF |

| 12 | pelotas | 3 | paquetes |

☐ pelotas en cada paquete

b.

BLOQUES   BLOQUES   BLOQUES   BLOQUES

| 16 | bloques | 4 | cajas |

☐ bloques en cada caja

Avanza

Jamal necesita repartir estas canicas entre cinco amigos – no cuatro. ¿Cómo podría repartir las canicas para que cada amigo tenga el mismo número?

_____

_____

_____

Conoce   A estos 12 dinosaurios les gusta bailar en grupos iguales.

Imagina que los dinosaurios bailan en grupos de 3.
¿Cuántos grupos habría? ¿Cómo lo sabes?

Imagina que los dinosaurios bailan en grupos de 2.
¿Cuántos grupos habría? ¿Cómo lo sabes?

¿Qué otras cantidades podría haber en cada grupo igual?
¿Cuántos grupos habría?

Intensifica   1.   Tu profesor te dará un tapete de repartir. Utiliza cubos sobre el tapete para calcular los grupos iguales. Luego completa el enunciado.

a.
Hay 12 🦕 en total.

Hay 3 🦕 en cada grupo.

Hay ____ grupos.

b.
Hay 15 🦖 en total.

Hay 3 🦖 en cada grupo.

Hay ____ grupos.

c.
Hay 24 🦕 en total.

Hay 2 🦕 en cada grupo.

Hay ____ grupos.

d.
Hay 16 🦕 en total.

Hay 4 🦕 en cada grupo.

Hay ____ grupos.

2. Completa cada enunciado.

a. Hay 18 🥚 en total.

Hay 6 🥚 en cada nido.

Hay _____ nidos.

b. Hay 25 🥚 en total.

Hay 5 🥚 en cada nido.

Hay _____ nidos.

c. Hay 7 🥚 en total.

Hay 1 🥚 en cada nido.

Hay _____ nidos.

d. Hay 21 🥚 en total.

Hay 7 🥚 en cada nido.

Hay _____ nidos.

3. Escribe una historia que corresponda a esta imagen de huevos de dinosaurio.

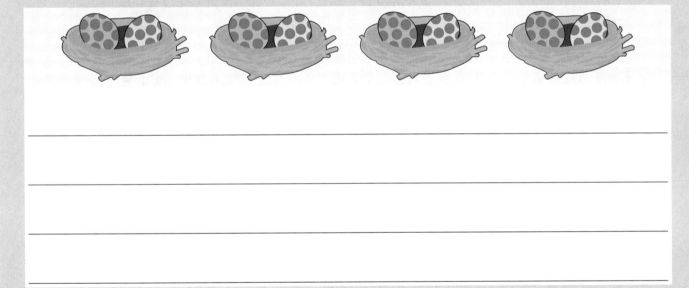

_____

_____

_____

_____

Avanza

Veinte dinosaurios bailan en grupos iguales. ¿Cuántos grupos podría haber? ¿Cuántos en cada grupo? Escribe los números correspondientes para completar las respuestas posibles.

1 grupo	20 en cada grupo	_____ grupos	_____ en cada grupo
_____ grupos	_____ en cada grupo	_____ grupos	_____ en cada grupo
_____ grupos	_____ en cada grupo	_____ grupos	_____ en cada grupo

Práctica de cálculo

¿Qué va desde Baltimore hasta Nueva York pero nunca se mueve?

★ Completa las ecuaciones. Encuentra cada total en el rompecabezas y colorea la letra correspondiente. La respuesta está en inglés.

$62 + 19 =$ ⬚

$57 + 34 =$ ⬚

$35 + 24 =$ ⬚

$21 + 47 =$ ⬚

$15 + 14 =$ ⬚

$42 + 36 =$ ⬚

$45 + 48 =$ ⬚

$23 + 56 =$ ⬚

$23 + 66 =$ ⬚

$36 + 18 =$ ⬚

$29 + 28 =$ ⬚

$16 + 49 =$ ⬚

$57 + 18 =$ ⬚

$35 + 41 =$ ⬚

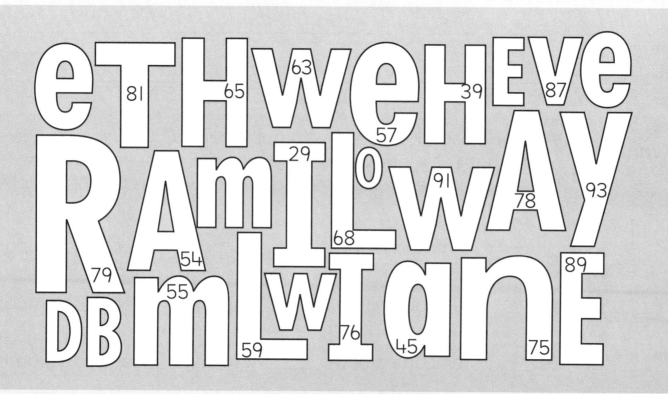

© ORIGO Education

Práctica continua

I. Completa cada enunciado.

a.

3 saltos de **2** son ☐

☐ + ☐ + ☐ = ☐

b.

2 saltos de **2** son ☐

☐ + ☐ = ☐

c.

6 saltos de **2** son ☐

☐ + ☐ + ☐ + ☐ + ☐ + ☐ = ☐

2. Completa cada enunciado. Puedes utilizar cubos sobre un tapete de repartir como ayuda.

a.

Hay 12  en total.

Hay 4 platos.

Hay _____ 🍒 en cada plato.

b.

Hay 8 ⬤ en total.

Hay 4 bolsas.

Hay _____ ⬤ en cada bolsa.

Prepárate para el próximo año

Observa los números en los expansores. Luego escribe el numeral correspondiente y completa el nombre del número.

a.

| 3 | centenas | 1 | 4 | | ☐ |

_____

b.

| 6 | centenas | 0 | 7 | | ☐ |

_____

Conoce ¿Qué notas en cada una de estas figuras?

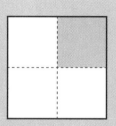 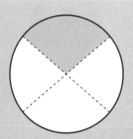 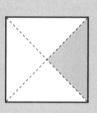

¿Cómo describirías la porción coloreada?

¿Qué nombre de fracción dirías?

Todas estas figuras han sido partidas en cuatro partes iguales. Una parte de cada figura está coloreada, entonces cada figura indica un cuarto.

Colorea una parte de la figura de la derecha.

¿Cómo podrías describir la cantidad coloreada?

Los nombres de algunas fracciones tales como cuarto son iguales a los nombres para describir orden, pero tienen un significado diferente en las fracciones.

Intensifica

I. Colorea una parte en cada figura. Luego escribe el nombre de la fracción coloreada.

a.
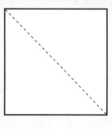
_____

b.

_____

c.
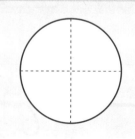
_____

2. Escribe la letra de la imagen correspondiente junto a cada nombre de fracción. Sobran algunas imágenes.

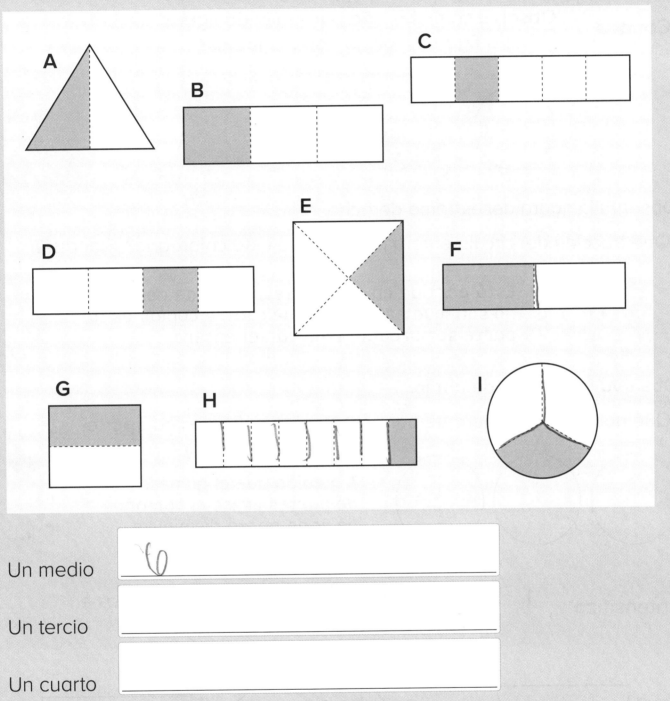

Un medio _____ 6 _____

Un tercio _____

Un cuarto _____

Colorea la imagen como ayuda para resolver el problema.

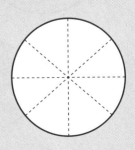

Tina se comió un cuarto de la pizza.

¿Cuántas porciones sobraron? porciones

Conoce Observa cómo ha sido partida cada figura.
¿Cuáles figuras indican partes iguales?

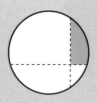 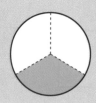 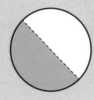 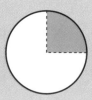

Observa la figura del extremo derecho.

¿Qué fracción del círculo entero piensas que está coloreada? ¿Por qué?

 Está partido en dos partes, pero las dos partes no son iguales. Parece que cuatro copias de la parte sombreada llenarían el entero.

Observa las figuras de abajo.

¿Qué notas en el número de partes y en el tamaño de cada parte?

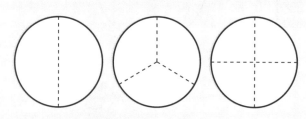 A medida que el número de partes crece el tamaño de cada parte disminuye.

Intensifica I. Encierra las imágenes que han sido divididas en partes de igual tamaño.

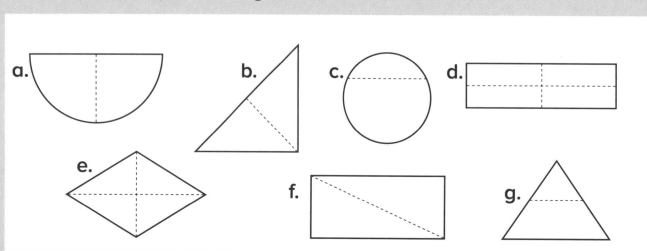

a.

b.

c.

d.

e.

f.

g.

2. Encierra las figuras que indican **un medio** sombreado.

a.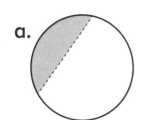

b.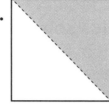

c.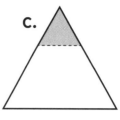

d.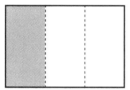

e.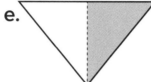

f.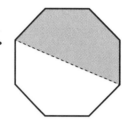

3. Colorea una parte de cada tira. Luego encierra la tira que indica **un cuarto** sombreado.

a.

b.

c.

d.

Avanza

Dobla una hoja de papel a la mitad, luego a la mitad y otra vez a la mitad.

a. Después de cada doblez, escribe las partes de igual tamaño.

1 doblez = 2 partes

2 dobleces = ☐ partes

3 dobleces = ☐ partes

b. ¿Qué patrón ves?

Piensa y resuelve

Por cada cuadrado, suma los números en las **casillas sombreadas** para calcular el **número mágico**. Completa cada cuadrado mágico.

ⓘ En un cuadrado mágico, los tres números en cada fila, columna y diagonal suman el mismo número. Este número es llamado **número mágico**.

a.
3	8	
	4	6
7	0	

b.
9		7
	10	
13		11

Palabras en acción

Escribe acerca de las maneras diferentes en que podrías separar 12 huevos en grupos iguales. Explica tu razonamiento.

_____

_____

_____

_____

_____

_____

_____

_____

_____

_____

1. Escribe números para describir los grupos iguales. Luego escribe el enunciado de suma correspondiente.

a.

b.

_____ grupos de _____ son _____

_____ + _____ + _____ + _____ = _____

_____ filas de _____ son _____

_____ + _____ = _____

2. Completa cada enunciado.

a. Hay 12 🥚 en total.

Hay 3 🥚 en cada nido.

Hay _____ nidos.

b. Hay 20 🥚 en total.

Hay 4 🥚 en cada nido.

Hay _____ nidos.

c. Hay 15 🥚 en total.

Hay 5 🥚 en cada nido.

Hay _____ nidos.

d. Hay 21 🥚 en total.

Hay 3 🥚 en cada nido.

Hay _____ nidos.

Prepárate para el próximo año

Escribe el número que debería estar en la posición que indica cada flecha.

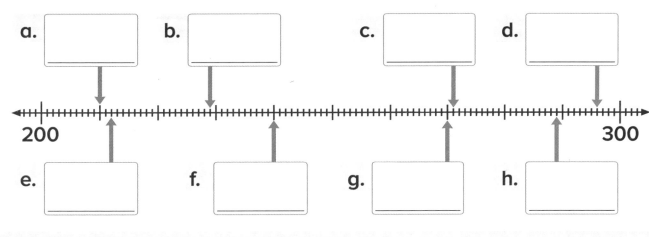

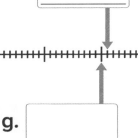

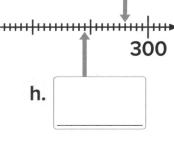

Conoce Imagina que cortas cada emparedado a la mitad para compartirlo con una amiga.

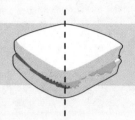
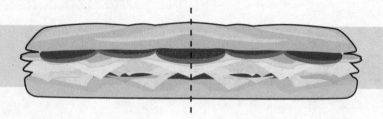

Compara las mitades de cada emparedado.
¿Qué es igual? ¿Qué es diferente?

Cada emparedado indica dos partes del mismo tamaño.

La mitad de uno de los emparedados es más pequeña que la del otro.

Imagina que Sara tenía 12 canicas en una bolsa y le dio la mitad a Mary. Isaac tenía 18 canicas en una bolsa y le dio la mitad a Jack.

Ahora Mary y Jack tienen la mitad de una bolsa de canicas cada uno. ¿Tiene cada uno el mismo número de canicas? ¿Cómo lo sabes?

¿Un medio indica la misma cantidad siempre?

Intensifica 1. Colorea **un medio** de cada imagen.

a.

b.

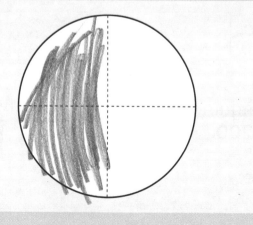

2. Traza líneas rectas para indicar cada figura partida en la fracción que se indica. Trata de partir cada figura de la misma manera. Luego colorea una parte de cada figura.

Medios

a.

b.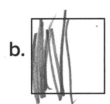

c.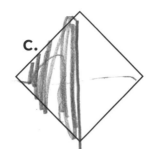

d.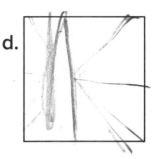

Tercios

e.

f.

g.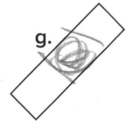

h.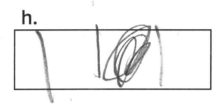

Cuartos

i.

j.

k.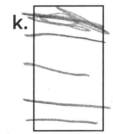

l.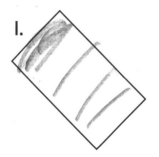

Avanza

Colorea partes de la última imagen para continuar el patrón.

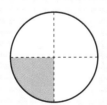
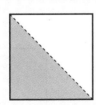
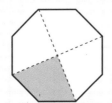
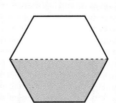
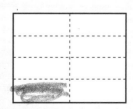

Conoce

Observa estas imágenes.
¿Qué cantidad de cada figura está coloreada?

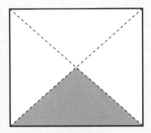 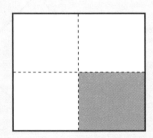 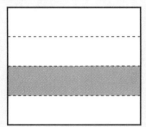

¿Qué notas en cada fracción?
¿Qué es igual? ¿Qué es diferente?

Cada figura indica
la misma fracción.

La forma de las partes es diferentes.

¿De qué otra manera podrías representar la misma fracción?

Intensifica

I. Traza líneas para unir cada imagen de fracciones al nombre correspondiente.

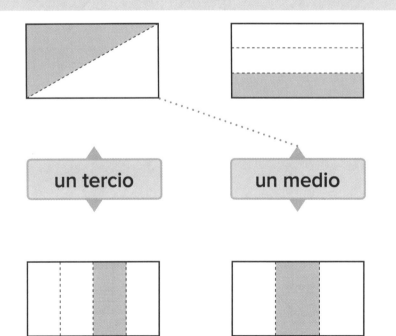

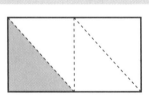

2. Utiliza una regla para trazar líneas rectas que partan las figuras en las fracciones que se indican. Parte cada figura de manera diferente.

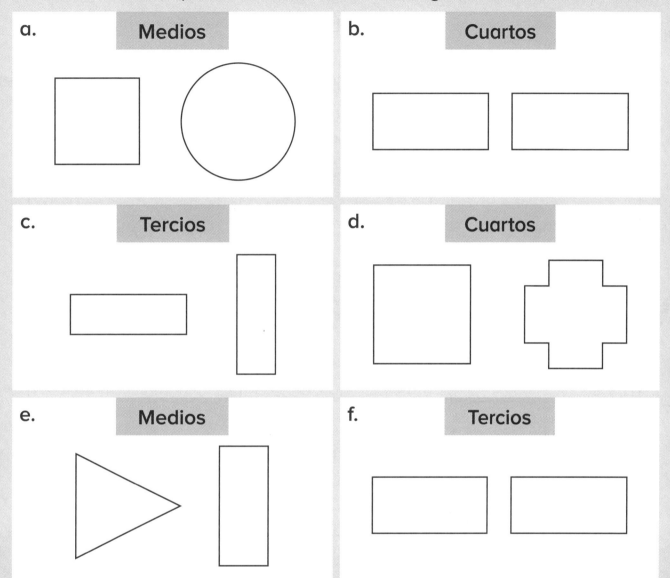

a. **Medios**

b. **Cuartos**

c. **Tercios**

d. **Cuartos**

e. **Medios**

f. **Tercios**

Avanza   Traza más líneas para dividir cada figura en partes de igual tamaño.

a.
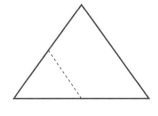

b.
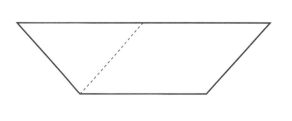

© ORIGO Education

Práctica de cálculo

¿En dónde trabajarías si hicieras caras todo el día?

★ Completa las ecuaciones. Luego escribe cada letra arriba de la diferencia correspondiente en la parte inferior de la página. Algunas letras se repiten.

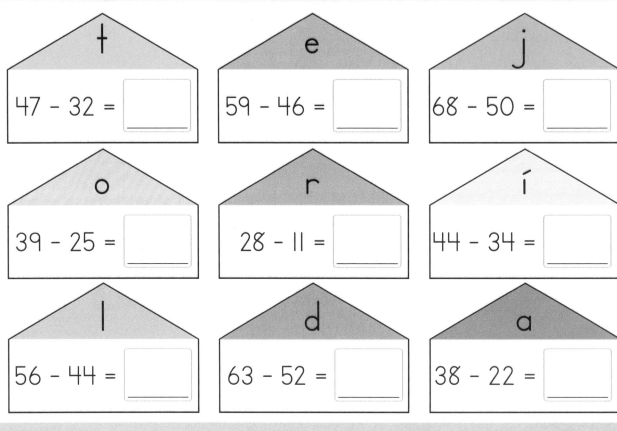

t
47 – 32 = ☐

e
59 – 46 = ☐

j
68 – 50 = ☐

o
39 – 25 = ☐

r
28 – 11 = ☐

í
44 – 34 = ☐

l
56 – 44 = ☐

d
63 – 52 = ☐

a
38 – 22 = ☐

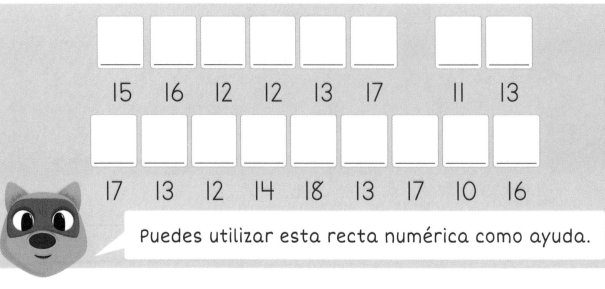

| ☐ | ☐ | ☐ | ☐ | ☐ | ☐ | | ☐ | ☐ |
| 15 | 16 | 12 | 12 | 13 | 17 | | 11 | 13 |

| ☐ | ☐ | ☐ | ☐ | ☐ | ☐ | ☐ | ☐ | ☐ |
| 17 | 13 | 12 | 14 | 18 | 13 | 17 | 10 | 16 |

Puedes utilizar esta recta numérica como ayuda.

10   20   30   40   50   60   70

Práctica continua

I. Encierra cada poliedro.

a.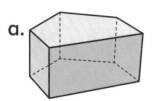

b.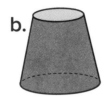

c.

d.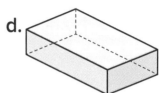

e.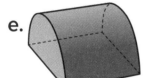

f.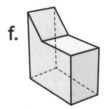

g.

2. Colorea una parte de cada figura de rojo. Luego escribe la fracción roja.

a.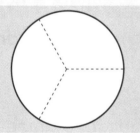

b.

c.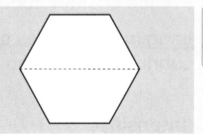

_____   _____   _____

Prepárate para el próximo año

Observa estas imágenes de bloques. Escribe el número correspondiente en el expansor.

a.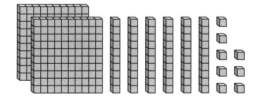

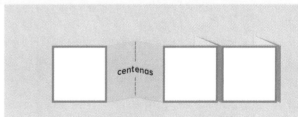

b.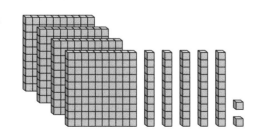

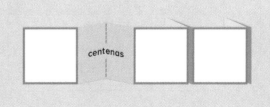

Conoce

Observa esta impresión de una mano. ¿Cuántos cuadrados enteros hay adentro?

¿Cuántas partes de cuadrados hay adentro?
¿Cerca de cuántos cuadrados hay adentro?
¿Cómo lo sabes?

Hugo dibujó el contorno de su estuche para lápices.

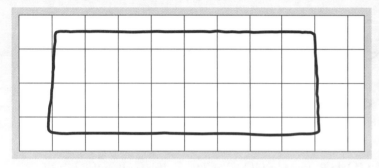

Escribe cuántos cuadrados hay adentro. Cerca de _____ cuadrados

Imagina que tienes que calcular la cantidad de alfombra necesaria para cubrir el piso de una habitación. ¿Cómo podrías calcularlo?

Intensifica   I.   Escribe el número de cuadrados que cubre cada imagen.

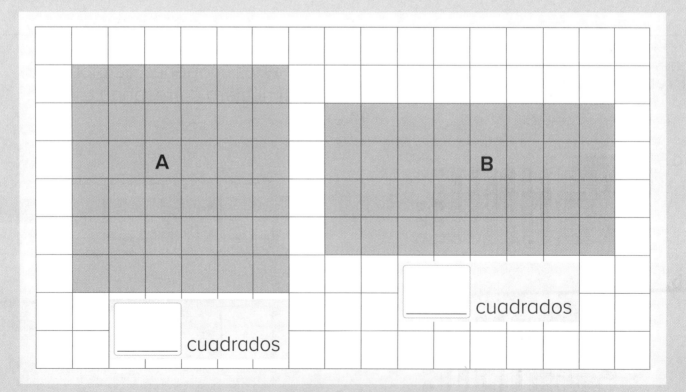

A

_____ cuadrados

B

_____ cuadrados

2. Observa el número de cuadrados enteros y partes de cuadrados dentro de cada imagen. Escribe el número total de cuadrados en cada una.

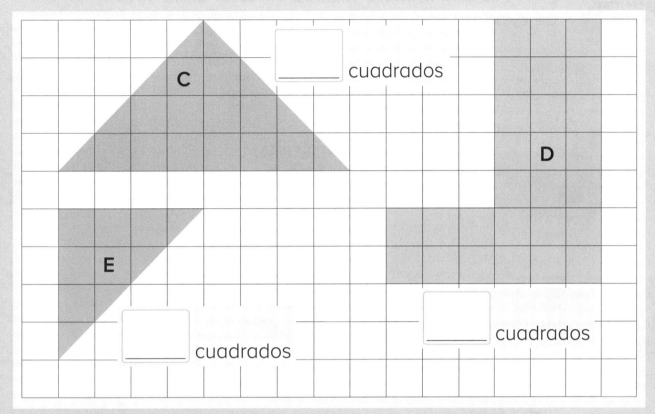

_____ cuadrados

_____ cuadrados

_____ cuadrados

3. Observa las imágenes de las preguntas 1 y 2.
¿Cuál imagen cubre el mayor número de cuadrados? _____

Avanza

1. Esta letra C tiene un área de 11 cuadrados. Colorea cuadrados para representar la primera letra de tu nombre y apellido.

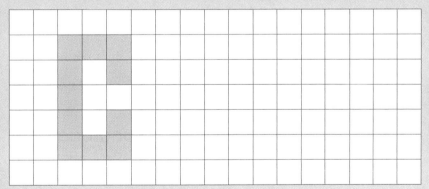

2. Escribe cuántos cuadrados hay en cada letra.

a. nombre _____ cuadrados   **b.** apellido _____ cuadrados

Conoce

¿Cuál es una manera fácil de calcular el número de cuadrados que cubre el rectángulo morado?

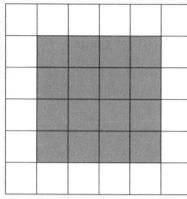

EL rectángulo morado cubre 4 cuadrados en cada fila. Hay cuatro filas, entonces eso es 4, 8, 12, 16 cuadrados en total.

¿Cómo podrías utilizar un método similar para calcular el número de cuadrados que cubre este rectángulo amarillo?

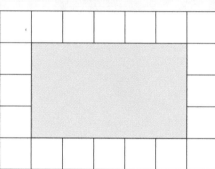

Intensifica

1. Utiliza una regla para dibujar más filas y columnas de cuadrados. Luego escribe el número total de cuadrados en cada rectángulo.

a. _____ cuadrados

b.

c. _____ cuadrados

_____ cuadrados

2. Escribe el número de cuadrados que cubre cada rectángulo.

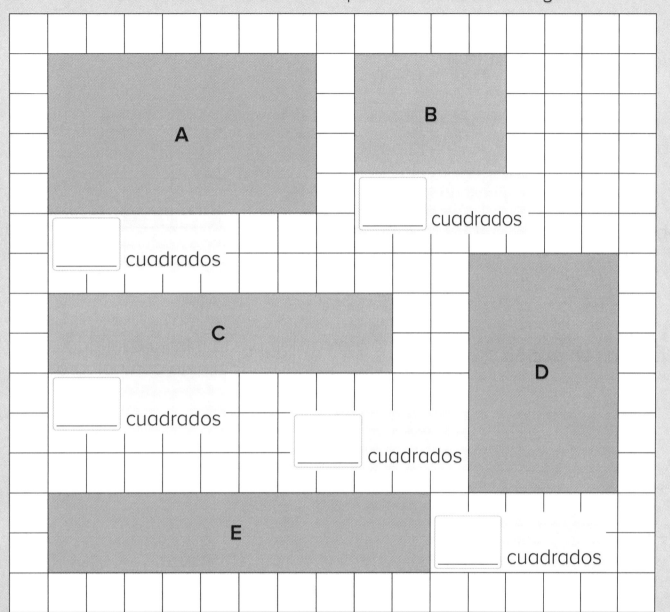

A

B

_____ cuadrados

_____ cuadrados

C

D

_____ cuadrados

_____ cuadrados

E

_____ cuadrados

Avanza Colorea el ⬭ junto al razonamiento que podrías utilizar para calcular el número total de cuadrados que cubre el rectángulo.

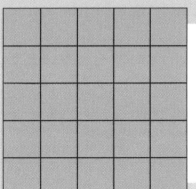

⬭ 5, 10, 15, 20. Veinte cuadrados en total.

⬭ 6, 12, 18, 24. Veinticuatro cuadrados en total.

⬭ 5, 10, 15, 20, 25. Veinticinco cuadrados en total.

Piensa y resuelve **THINK** the **TANK**

Algunos de los lados de esta cuadrícula están cubiertos.

a. ¿Cuántos •——• hay en la parte de **afuera** de la cuadrícula?

b. ¿Cuántos ☐ hay en la cuadrícula?

Palabras en acción

¿Un cuarto indica siempre la misma cantidad o porción? Escribe tu razonamiento con palabras.

© ORIGO Education

I. Utiliza objetos reales como ayuda para contar los vértices, aristas y superficies.

Objeto	Vértices	Aristas rectas	Aristas curvas	Superficies planas	Superficies curvas
	6				
		0			

DE 2.11.8

2. Traza líneas rectas para indicar cada figura partida en la fracción que se indica. Trata de partir cada figura de la misma manera.

a. Medios

b. Tercios

DE 2.12.6

Escribe el número que indica el expansor de manera expandida.

a.

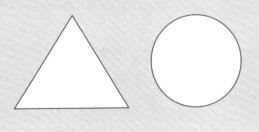

_____ + _____ + _____

b.

_____ + _____ + _____

c.

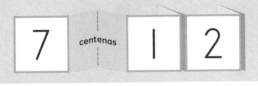

_____ + _____ + _____

d.

_____ + _____ + _____

Conoce ¿Qué sabes acerca de una libra?

¿Cuáles son algunas cosas que se miden en libras?

¿Cuáles son algunas cosas que podrían pesar cerca de una libra?

Una manera corta de escribir libra es **lb**.

Uno de tus zapatos podría pesar una libra.

Un bollo de pan podría pesar cerca de una libra.

Intensifica

1. Observa la imagen de la balanza. Escribe **menos de**, **igual a**, o **más de** para describir el peso de cada objeto al compararlo con una libra.

a.

_____ l libra

b.

_____ l libra

c.
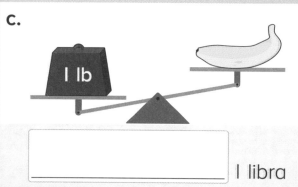

_____ l libra

d.
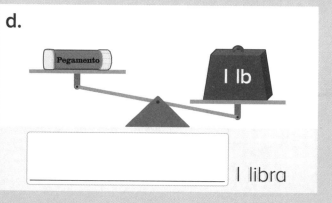

_____ l libra

2. Elige cuatro objetos de tu salón de clases que creas que pesan una libra o más, cada uno.

a. Escribe el nombre de cada objeto y estima su masa.

Objeto	Mi estimado
A.	cerca de _____ lb
B.	cerca de _____ lb
C.	cerca de _____ lb
D.	cerca de _____ lb

b. Tu profesor te ayudará a medir la masa de cada objeto. Escribe cada masa abajo.

El objeto A pesa cerca de _____ lb. El objeto B pesa cerca de _____ lb.

El objeto C pesa cerca de _____ lb. El objeto D pesa cerca de _____ lb.

c. ¿Cuál objeto tenía mayor masa? _____

d. ¿Cuál objeto tenía menor masa? _____

Avanza Escribe el peso de cada objeto.

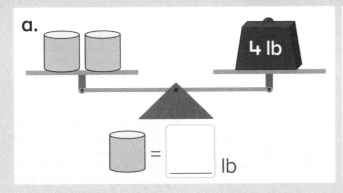

a.

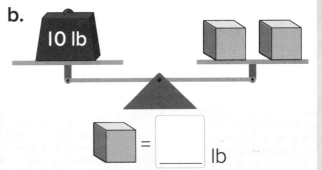

b.

Conoce   En países como Francia, Australia e India los objetos no se pesan en libras.

¿Sabes qué unidad de medida utilizan ellos?

¿En dónde has visto o escuchado acerca de kilogramos?

La manera corta de escribir **kilogramos** es **kg**.

Un kilogramo es un poco más que dos libras.
¿Cuáles son algunas cosas que podrían pesar cerca de un kilogramo?

Mi botella de agua cuando está llena.

Algunos paquetes de arroz o harina.

Las libras y los kilogramos son unidades de **masa**. La masa es una medida para indicar qué tan pesado es algo.

Intensifica   I.   Elige cinco objetos de tu salón de clases que creas que tienen una masa de entre 1 y 4 kilogramos, cada uno. Escríbelos abajo.

Objeto A _____

Objeto B _____

Objeto C _____

Objeto D _____

Objeto E _____

2. Tu profesor te ayudará a medir la masa de cada objeto. Escribe abajo cada masa en **kilogramos**.

Objeto A _____ kg   Objeto B _____ kg   Objeto C _____ kg

Objeto D _____ kg   Objeto E _____ kg

3. Tu profesor te ayudará a medir la masa de cada objeto. Escribe abajo cada masa en **libras**.

Objeto A _____ lb   Objeto B _____ lb   Objeto C _____ lb

Objeto D _____ lb   Objeto E _____ lb

4. Observa tus respuestas en las preguntas 2 y 3. ¿Por qué el número de la masa de cada objeto es mayor en las libras que en los kilogramos?

_____

_____

_____

Avanza   Observa la primera balanza. Dibuja ▇ para hacer que la segunda balanza sea verdadera.

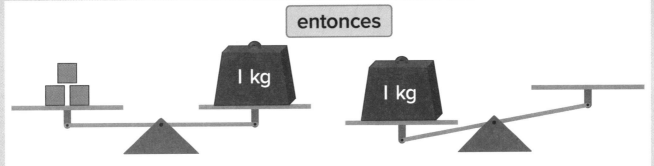

entonces

Práctica de cálculo

★ Completa las ecuaciones.

★ Luego colorea cada diferencia en el rompecabezas de abajo.
La respuesta está en inglés.

68 – 53 = ☐

79 – 61 = ☐

46 – 32 = ☐

38 – 25 = ☐

57 – 40 = ☐

27 – 17 = ☐

75 – 63 = ☐

56 – 45 = ☐

69 – 50 = ☐

29 – 13 = ☐

Algunas diferencias
se repiten.

Práctica continua

1. Escribe los números que faltan.

a.

2 *dimes* son _____ ¢

3 *nickels* son _____ ¢

2 *pennies* son _____ ¢

El total es _____ ¢

b.

2 *quarters* son _____ ¢

2 *dimes* son _____ ¢

2 *nickels* son _____ ¢

El total es _____ ¢

2. Escribe **menos de**, **igual a**, o **más de** para describir la masa de cada objeto al compararlo con una libra.

a.

_____ l libra

b.

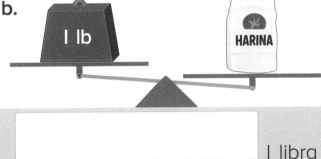

_____ l libra

Prepárate para el próximo año

Escribe los números que faltan.

a.

_____ filas de _____ son _____

_____ + _____ + _____ + _____ = _____

b.

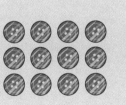

_____ rows of _____ son _____

_____ + _____ + _____ = _____

Conoce   A todos estos recipientes se les podría llamar tazas.

Si una receta te dijera que debes utilizar una taza de harina, ¿cuál recipiente utilizarías? ¿Por qué? ¿Habría alguna diferencia? ¿Cómo lo sabes?

En las recetas, la palabra taza es una unidad de medida. Aunque todas las medidas de taza pueden contener la misma cantidad, éstas pueden tener formas diferentes.
¿En dónde has visto o escuchado las palabras **pinta** y **cuarto**?

Las tazas, las pintas y los cuartos de galón son unidades de **capacidad**.

Capacidad significa cuánto puede contener un recipiente. Entonces, una pinta de leche es la cantidad de leche que cabe en una botella de una pinta.

Intensifica   I.   Escribe **más** o **menos** para indicar si a estos recipientes les cabría más de o menos de una taza.

I taza

a.

_____

b.

_____

c.

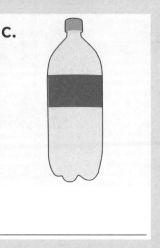

_____

2. Escribe **más** o **menos** para indicar si a estos recipientes les cabría más de o menos de una pinta.

1 pinta

a.

b.

c.

3. Escribe **más** o **menos** para indicar si a estos recipientes les cabría más de o menos de un cuarto de galón.

1 cuarto

a.

b.

c.

Avanza

Imagina que un recipiente de una pinta puede contener cerca de 100 bloques. Colorea los recipientes que pueden contener lo más cercano a **media** pinta.

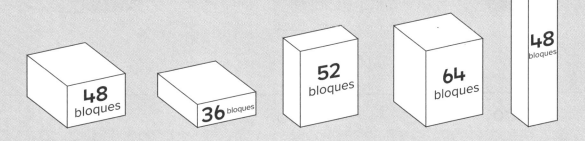

48 bloques

36 bloques

52 bloques

64 bloques

48 bloques

Conoce   ¿Qué sabes acerca de los litros?

En mi casa tenemos una botella de 3 litros de jugo de arándano.

Algunas veces compramos botellas de soda que tienen escrito 2 litros.

El litro es una unidad métrica de capacidad que se utiliza aquí y en otros países.

¿Cuáles son algunos recipientes que crees podrían contener cerca de un litro?

Intensifica   1. Escribe **menos de**, **cerca de,** o **más de** para describir cuánto crees que puede contener cada recipiente al compararlo con un litro.

Contiene **exactamente** 1 litro

a. _____ 1 litro

b. _____ 1 litro

c. _____ 1 litro

d. _____ 1 litro

e. _____ 1 litro

2. Tu profesor te dará algunos recipientes para medir. Primero estima la capacidad de cada recipiente. Utiliza litros y medios litros. Luego utiliza los recipientes de medida para encontrar la capacidad exacta.

Recipiente	Mi estimado (litros)	Capacidad real (litros)
A		
B		
C		
D		
E		
F		

3. ¿Cuál recipiente tenía la **menor** capacidad? _____

4. ¿Cuál recipiente tenía la **mayor** capacidad? _____

5. ¿Cuáles dos recipientes juntos tenían una capacidad total **mayor que** 4 litros? _____ _____

Avanza   Compara un recipiente de 1 litro con un recipiente de 1 cuarto de galón. Luego escribe lo que notas.

_____

_____

_____

Piensa y resuelve Escribe cómo puedes utilizar las cubetas para poner **exactamente** 24 medidas de agua en la tina.

Cubetas

A
1 medida

B
3 medidas

C
5 medidas

Tina

Palabras en acción

Elige y escribe palabras de la lista para completar estos enunciados. Sobran algunas palabras.

lo mismo que	más de	kilogramo	capacidad	masa
menos de	libras	pintas	litros	

a.

Un caballo pesaría _____ una libra.

b.

Los kilogramos y las _____ son unidades de masa.

c.

Un _____ es un poco más de dos libras.

d.

_____ y _____ son unidades de capacidad.

Práctica continua

I. Escribe el total.

El total es $\$$_____ y _____¢ .

2. Traza líneas para unir los recipientes a las cantidades que crees que contienen.

un cuarto

una taza

una pinta

Prepárate para el próximo año

Escribe una historia de números que corresponda a cada imagen.

a.

b.

_____

_____

_____

Capacidad

La **capacidad** es la cantidad que un recipiente puede contener. Por ejemplo, una taza **contiene menos** que una botella de jugo.

Un **litro** es una unidad de capacidad.

Una **pinta** es una unidad de capacidad.

Un **cuarto** (de galón) es una unidad de capacidad.

Estrategias de cálculo mental para la resta

Estas son estrategias que puedes utilizar para calcular un problema matemático mentalmente.

Contar hacia atrás   *Ves* 9 – 2   *piensa* 9 – 1 – 1
Ves 26 – 20 *piensa* 26 – 10 – 10

Pensar en suma   *Ves* 17 – 9   *piensa* 9 + 8 = 17 entonces 17 – 9 = 8

Estrategias de cálculo mental para la suma

Estas son estrategias que puedes utilizar para calcular un problema matemático mentalmente.

Contar hacia delante   *Ves* 3 + 8   *piensa* 8 + 1 + 1 + 1
Ves 58 + 24 *piensa* 58 + 10 + 10 + 4

Dobles   *Ves* 7 + 7   *piensa* doble 7
Ves 25 + 26 *piensa* doble 25 más 1 más
Ves 35 + 37 *piensa* doble 35 más 2 más

Hacer diez   *Ves* 9 + 4   *piensa* 9 + 1 + 3
Ves 38 + 14 *piensa* 38 + 2 + 12

Valor posicional   *Ves* 32 + 27 *piensa* 32 + 20 + 7

Familia de operaciones básicas

Una **familia de operaciones básicas** incluye una operación básica de suma, su operación conmutativa y dos operaciones básicas de resta relacionadas.

$$4 + 2 = 6$$
$$2 + 4 = 6$$
$$6 - 4 = 2$$
$$6 - 2 = 4$$

Fracción común

Las **fracciones comunes** describen partes iguales de un entero.

un medio

un cuarto

Gráfica

Diferentes tipos de **gráficas** pueden indicar datos.

Gráfica de barras verticales

Gráfica de barras horizontales

Gráfica de puntos

Pictograma

Longitud

La **longitud** indica qué tan largo es algo.

Un **centímetro** es una unidad de longitud. La manera corta de escribir centímetro es **cm**.

Un **pie** es una unidad de longitud. Hay 3 pies en una yarda. La manera corta de escribir pie es **ft** (del inglés *foot*).

Una **pulgada** es una unidad de longitud. Hay 12 pulgadas en un pie. La manera corta de escribir pulgada es **in** (del inglés *inch*).

Un **metro** es una unidad de longitud. La manera corta de escribir metro es **m**.

Una **yarda** es una unidad de longitud. La manera corta de escribir yarda es **yd**.

GLOSARIO DEL ESTUDIANTE

Masa

Masa es la cantidad de peso de algo.
Por ejemplo, un gato **pesa más** que un ratón.

Un **kilogramo** es una unidad de masa. La manera corta de escribir kilogramo es **kg**.

Una **libra** es una unidad de masa. La manera corta de escribir libra es **lb**.

Multiplicación

La **multiplicación** se utiliza para encontrar
el número total de objetos en una matriz,
o en un número de grupos iguales.

Números pares e impares

Los **números pares** son números enteros con un 0, 2, 4, 6 o un 8 en la posición
de las unidades. Los **números impares** son números enteros con un 1, 3, 5, 7
o un 9 en las posición de las unidades.

Objeto 3D (tridimensional)

Un **objeto 3D** tiene superficies planas (ej., un cubo), superficies curvas
(ej., una esfera) o superficies planas y curvas (ej., un cilindro o un cono).

Un **poliedro** es cualquier objeto 3D cerrado
con cuatro o más caras planas.

Una **pirámide** es un poliedro que tiene cualquier polígono como su base. Todas
las otras caras unidas a la base son triángulos que se unen en un punto.

Operación conmutativa básica

Cada operación básica de suma tiene una **operación conmutativa básica**.
Por ejemplo: $2 + 7 = 9$ y $7 + 2 = 9$

Operaciones numéricas básicas

Las **operaciones básicas de suma** son ecuaciones en las que se suman dos
números de un solo dígito.
Por ejemplo: $2 + 3 = 5$ o $3 = 1 + 2$

Las **operaciones básicas de resta** son todas las ecuaciones de resta que se
relacionan con las operaciones básicas de suma de arriba.
Por ejemplo: $5 - 2 = 3$ o $3 - 2 = 1$

ORIGO Stepping Stones • 2.º grado

GLOSARIO DEL ESTUDIANTE

Polígono

Un **polígono** es cualquier figura 2D cerrada que tiene tres o más lados rectos. (ej., triángulo, cuadrilátero, pentágono y hexágono).

Recta numérica

Una **recta numérica** indica la posición de un número. La recta numérica se puede utilizar para indicar suma o resta.

Resta

Restar es encontrar una parte cuando se conoce el total y una parte.

$$\textbf{Total} - \textbf{Parte} = \textbf{Parte}$$
$$5 \ - \ 2 \ = \ 3$$
$$\textbf{Parte} + \_\_ = \textbf{Total}$$
$$2 \ + \_\_ = \ 5$$

Suma

Sumar es encontrar el total cuando se conocen dos o más partes. **Suma** es otra palabra para total.

$$\textbf{Parte} + \textbf{Parte} = \textbf{Total}$$
$$2 \ + \ 3 \ = \ 5$$

Tabla de cien

Una **tabla de cien** hace más fácil ver los patrones de los números de dos dígitos.

ÍNDICE DEL PROFESOR

ÍNDICE DEL PROFESOR

ÍNDICE DEL PROFESOR